特色森林植物资源开发与利用丛书

木豆资源活性成分及功能评价

付玉杰　李春英　王　微　王希清　著

科学出版社

北　京

内 容 简 介

  本书以木豆为研究对象,对其中的黄酮类、芪类等活性成分进行结构修饰和功能评价,并阐明其作用机制。全书共分5章,主要介绍了木豆中芪类化合物的结构、理化性质、人工合成方法及芪类化合物衍生物的合成方法;开发了通过生物转化对黄酮类化合物进行结构修饰的方法;探究了木豆主要活性成分的抗病毒、抗肿瘤、抗菌等机制;提出了纳豆粉制剂、纳豆发酵口服液、护色剂等木豆产品的优选配方并对作用效果进行了评价。

  本书可作为高等院校森林植物资源学、药学、植物学、微生物学、食品科学等相关专业高年级本科生或研究生教学用书或实验参考书,也可作为相关行业科技工作者的参考用书。

图书在版编目(CIP)数据

木豆资源活性成分及功能评价 / 付玉杰等著. —北京:科学出版社,2021.3

(特色森林植物资源开发与利用丛书)

ISBN 978-7-03-066779-3

Ⅰ.①木… Ⅱ.①付… Ⅲ.①木豆-生物活性-化学成分-研究 Ⅳ.①S793.9

中国版本图书馆CIP数据核字(2020)第219951号

责任编辑:马 俊 白 雪 / 责任校对:郑金红
责任印制:吴兆东 / 封面设计:无极书装

科学出版社 出版

北京东黄城根北街16号
邮政编码:100717
http://www.sciencep.com

北京虎彩文化传播有限公司 印刷
科学出版社发行 各地新华书店经销

*

2021年3月第 一 版 开本:720×1000 1/16
2021年5月第二次印刷 印张:10 3/4
字数:220 000

定价:128.00元
(如有印装质量问题,我社负责调换)

前　　言

木豆[*Cajanus cajan* (L.) Millsp.]为豆科（Leguminosae）木豆属（*Cajanus*）植物，原产于印度，热带和亚热带地区普遍有栽培，在我国主要分布于云南、四川、江西、湖南、广西、广东、海南、浙江、福建、台湾和江苏等省份。木豆是唯一可食用的木本豆类，由于其培育简单、成本低廉、可入药，所以近年来关于其医药价值的研究不断深入，对于其活性成分的研究也在不断进行中。

研究发现，木豆中不但含有可供食用的蛋白质，还含有黄酮类化合物、芪类化合物、有机酸类化合物、挥发油类化合物、类固醇类。其中，黄酮类化合物和芪类化合物占比最大，是木豆中的主要化学成分，具有显著的生物学功能，具有多靶点、高效、低毒等多种特点，被广泛应用于包括抗病毒、抗菌、抗肿瘤及抗氧化等多种生物活性研究。本书介绍了木豆不同成分的活性和作用机制，为木豆的医药应用提供了科学依据，并为木豆制剂的研发提供了理论基础。希望此书对从事木豆研究的科研人员有所帮助，相信在同行们的共同努力下，未来会有更多木豆活性成分研究成果问世，有更多木豆产品投入实际生产中。

本书是付玉杰研究团队多年研究成果的总结，是在付玉杰教授带领下由提取分离实验室、生物活性实验室等各个实验室通力合作完成的，感谢所有团队人员的支持与帮助。付玉杰教授在本书总体设计、章节结构与内容、统稿修订等方面倾注了大量心血，并具体负责第1章、第3章（部分内容）撰写，李春英副教授负责第2章和第5章撰写，王微副教授负责第4章撰写，王希清博士负责第3章（部分内容）撰写。感谢博士研究生吴楠和孔羽，硕士研究生冯晨、潘友志、张裕杭、梁璐和金彦等对本书研究内容付出的大量工作。限于作者水平，不足与疏漏之处恳请各位读者批评指正。

作　　者

2020年10月

目　　录

第1章　绪　　论

1.1　木豆活性成分概述

1.1.1　木豆中活性成分简介

木豆[*Cajanus cajan* (L.) Millsp.]为豆科（Leguminosae）木豆属（*Cajanus* DC.）植物，在我国主要分布于云南、四川、江西、湖南、广西、广东、海南、浙江、福建、台湾和江苏等省份。木豆种子可食用，根、茎、叶、花和果实均可入药。木豆蛋白质含量22%～28%，茎、叶蛋白质含量19%，维生素A和维生素C含量分别是普通大豆的6倍和3倍，并含有人体必需的8种氨基酸（张建云等，2001a）。因此，木豆医药价值与保健功能的研究受到医药领域的广泛关注。

我国学者林励和谢宁（1996）以抑菌实验指导植物有效成分的提取分离，对海南木豆叶进行了较系统的化学成分研究，从木豆叶提取物中分离和鉴定了6种化合物的结构。中国科学院植物研究所（1979）研究了木豆叶的抗消炎成分，得出11种结晶成分。程誌青等（1992）用水蒸气蒸馏法从木豆的叶和嫩枝中提取挥发油，并用交联毛细管柱气相色谱/质谱/计算机（GC/MS/MSD）测定木豆精油的化学成分，从中鉴定出23种化合物。Marley和Hillocks（2002）报道了从木豆叶中分离出6种化合物。Green等（2003）从木豆豆荚皮中分离出4种化合物。Duker-Eshun等（2004）从木豆根和叶中分离出7种化合物，并对它们的抗寄生虫活性进行了研究。

到目前为止，大量的国内外学者对木豆资源中的化学成分进行了深入和系统的研究，包括木豆的种子、荚壳、根、茎和叶等各部分。研究结果表明，黄酮类化合物、芪类化合物、有机酸类化合物、挥发油类化合物，类固醇类化合物及部分微量元素是木豆中主要的化合物种类。木豆中主要化学成分归纳见表1-1（方先兰和罗圣章，2002）。从以上报道可以看出，木豆中活性成分主要集中在黄酮类和芪类化合物，这两类化合物被认为是木豆中的主要活性成分。

表1-1　木豆中主要活性成分

序号	化合物名称	序号	化合物名称
1	牡荆苷（vitexin）	7	水杨酸（salicylic）
2	异牡荆苷（isovitexin）	8	三十一烷（hentriacontane）
3	芹菜素（apigenin）	9	2-羧基-3-羟基-4-异戊烯基-5-甲氧基芪（2-carboxyl-3-hydroxy-4-isoprenyl -5-methoxystilbene）
4	木犀草素（luteolin）		
5	β-谷固醇（beta-sitosterol）		
6	柚皮素-4′,7-二甲醚（naringenin-4′,7-dimethyl ether）	10	虫漆蜡醇（lacerol）
		11	木豆素A（longistyline A）

序号	化合物名称	序号	化合物名称
12	木豆素C（longistyline C）	31	alpha-himachalene
13	β-香树脂醇（beta-amyrin）	32	雅槛兰树油烯（eremophilene）
14	木豆异黄酮（cajanin）	33	beta-cuaiene
15	白桦脂酸（betulinic acid）	34	菖蒲二烯（acoradiene）
16	鹰嘴豆芽素（biochanin）	35	1,2,4α,5,6,8α-六氢-1-异丙基-4,7-二甲基萘（1,2,4α,5,6,8α-hexahydro-1-isopropyl-4,7-dimethylnaphthalene）
17	cajanol		
18	染料木素（genistein）	36	法尼醇（farnesol）
19	异槲皮苷（isoquercitrin）	37	十六烷（hexadecane）
20	2'-羟基染料木素（2'-hydroxygenistein）	38	α-石竹烯醇（alpha-caryophyllene alcohol）
21	槲皮素-3-甲醚（quercetin-3-methyl ether）	39	beta-cedrenol
22	异壬基苯（isomerie nonyl benzene）	40	beta-himachalene
23	juliflorine	41	喇叭醇（ledol）
24	球松素（pinostrobin）	42	十七烷（n-heptadecane）
25	木豆芪酸（cajanine）	43	愈创醇（guaiol）
26	芒柄花素（formonetin）	44	苯甲酸苄酯（benzyl benzoate）
27	β-绿叶烯（beta-patchoulene）	45	二十烷（eicosane）
28	β-石竹烯（beta-caryophyllene）	46	二十一烷（heneicosane）
29	alpha-cuaiene	47	大麦芽碱（hordenine）
30	β-芹子烯（beta-selinene）		

1.1.2　木豆中芪类活性成分简介

　　芪类化合物是具有二苯乙烯母核及其衍生物的一类物质的总称。在植物成分中，芪类化合物是广泛存在于植物界的一类联苯化合物（陈莉和陈坚波，2005）。从低等的苔藓植物到高等的被子植物中都有存在，但多存在于种子植物中，并主要存在于薄壁组织中。当植物体受到病菌侵染或外界刺激时，芪类物质含量显著增加。芪类化合物分子的大小及几何构型与其和酶蛋白的结合能力有关。因此，构型差异导致芪类化合物抑菌活性不同，只有特定形状的芪类化合物在构型上与敏感真菌菌株的受体位点相吻合，能起到抑菌作用（斯建勇，1991）。芪类化合物除了已知的抗真菌作用外，近年来又发现一些芪类化合物有降血脂、降血压、扩张毛细血管、改善微循环及抑制血小板聚集和抗肿瘤等作用（Green et al.，2003）。芪类化合物是一类具有开发价值的天然成分，随着药理学家和天然药物化学家对芪类化合物药理活性重视程度的加深，这类化合物的活性研究将更为深入透彻。

　　木豆中芪类化合物（图1-1）主要有木豆素、木豆素A、木豆素C等，其中木豆素为典型化合物（郑元元等，2007；Cooksey et al.，1982）。木豆素在木豆的枝叶和种皮中广泛存在，且叶中含量较高。木豆素的分子结构式如图1-1所示，木豆素为白色固形物，弱极性，不溶于水，极易溶于三氯甲烷、乙酸乙酯，易溶于甲醇、乙醇等溶剂。在紫外线照射下显示强烈的蓝色荧光，氨熏后荧光加强，对光、热等具有一定的敏感性。1982年，木豆素由Cooksey等首次从被灰葡萄霉菌侵染的木豆叶中分离得到（Cooksey et al.，1982）。在化学结构上，它属于二苯乙烯的衍生物，是典型的简单芪类化合物，与临床上应用的己烯雌酚具有相同的骨架（李展等，2005）。但是，其一位上的羧基是一种在植物界比较少见的结构（Gorham，1980）。异戊二烯基在豆科植物的植物抗毒素及其他化学结构中很常见，并且具有重要的抗菌活性（Bailey and Mansfield，1982）。因为羟基基团可以作为酶蛋白的结合位点，也可作为解偶联剂（胡小平等，2003）。

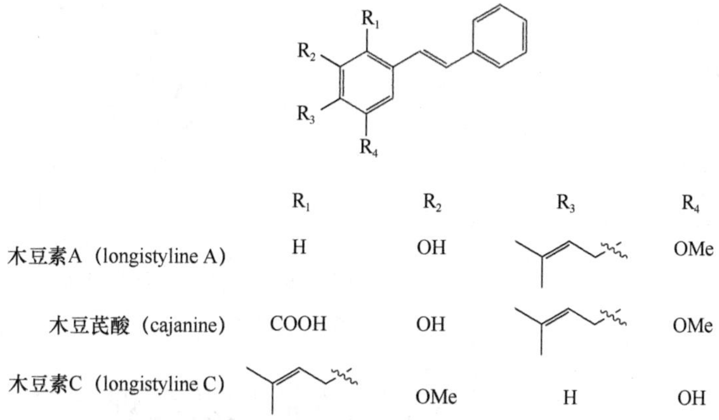

	R_1	R_2	R_3	R_4
木豆素A（longistyline A）	H	OH		OMe
木豆芪酸（cajanine）	COOH	OH		OMe
木豆素C（longistyline C）			OMe	H	OH

图1-1 木豆中主要芪类化合物结构

1.1.3 木豆中黄酮类活性成分简介

木豆中另外一类研究较多的活性成分为黄酮类化合物（flavonoids）（图1-2）。木豆黄酮主要包括芹菜素、木犀草素、荭草素、牡荆苷、异牡荆苷、球松素、染料木苷及cajanol等。黄酮类化合物是一类低分子多酚类物质，在植物体内多以游离态或与糖结合成苷的形式存在。此类化合物普遍具有抗氧化（肖咏梅等，2011）、抗肿瘤、抗癌（Lule and Xia，2005）、抗炎、镇痛、护肝（黄河胜和马传庚，2000）、抗菌、抗病毒、防止动脉硬化等多种生物活性（倪勤学等，2010）及药理作用。黄酮类化合物具有C_6—C_3—C_6基本骨架，种类繁多（吴茜等，2008），有研究证明黄酮类化合物具有扩血管、降血脂、抗凝血、抗炎、抗肿瘤、镇痛等广泛的药理活性（Liu et al.，2011）。黄酮类化合物的不同药理活性与其结构密切相关，酚羟基的数目决定了黄酮类化合物抗氧化活性的强弱；甲氧基造成了空间位阻效应，但是提高了黄酮类化合物的亲脂性和膜渗透性；C_2—C_3的双键及可以使黄酮类化合物通过共轭及电子离域而增强其稳定性（Xiao et al.，2011）。

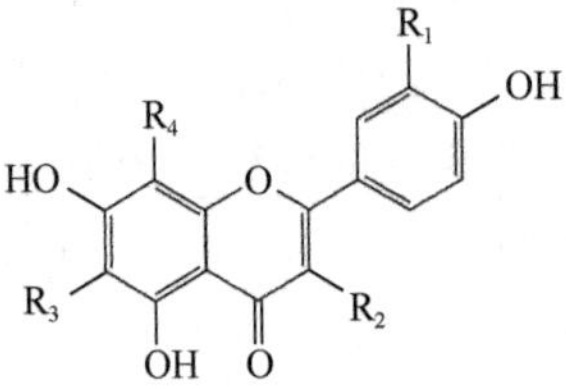

图1-2　木豆叶中主要黄酮类成分的化学结构

Glu：葡萄糖

	R_1	R_2	R_3	R_4
芹菜素	H	H	H	H
木犀草素	OH	H	H	H
异鼠李素	OMe	OH	H	H
牡荆苷	H	H	H	Glu
异牡荆苷	H	H	Glu	H
荭草苷	OH	H	H	Glu

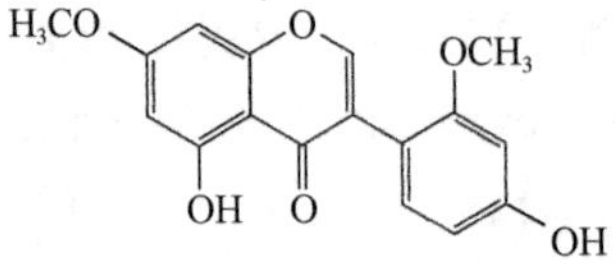

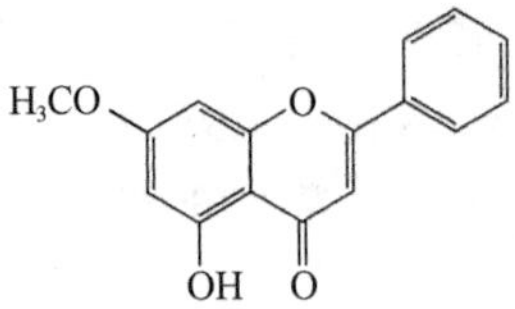

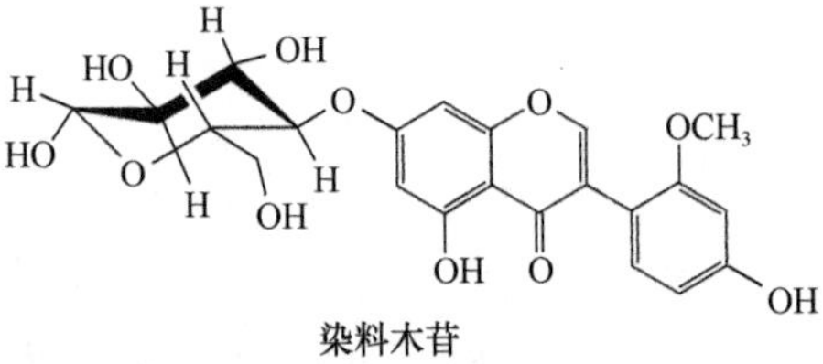

1.2　木豆生物活性及药理研究

　　中国、印度、西非、加勒比地区及其他许多国家和地区民间均以木豆不同部位入药。在印度和印度尼西亚（爪哇），用木豆嫩叶外敷以治疗外伤，木豆叶粉末被用作祛除膀胱结石药物。木豆叶用盐腌制后的汁液被用作治疗黄疸。此外，木豆在印度还被用来治疗糖尿病（Milliken，1997；Grover et al.，2002）。在南美洲被用作退热药及稳定经期和治疗痢疾（Abbiw，1990），在非洲用于治疗肝炎、肾脏疾病和麻疹（Duke and Vásquez，1994）。在阿根廷，木豆叶被用作治疗人（特别是女性）的生殖系统及其他皮肤感染（Morton，1976）。木豆在我国作为传统中药和民间药应用广泛。

　　木豆在医药临床方面的研究利用，有文字记载较早的见《陆川本草》：木豆叶"平、淡。有小毒"。《中华药海》进一步说明，木豆叶"平、淡、有小毒、入心经"，主治小儿水痘、痈肿（冉先德，1993）。

　　木豆叶的药用功效最显著，可治外伤、烧伤、褥疮（张建云等，2001b；陈迪华等，1985）；可止痛、消肿、止血，其消炎止痛功效优于水杨酸（孙绍美等，1995）。叶的煎剂对咳嗽、腹泻等疾病有效。民间将其叶制成三种制剂，在治疗外伤、烧伤感染和褥疮等疾病方面取得较好的疗效。嫩叶嚼烂用于治疗口疮，压汁内服可消除黄疸，捣烂的浆汁对外伤和疮毒有祛腐生肌的作用。近些年来有木豆制剂外敷可促进开放创面愈合（唐勇等，1999）、将木豆叶作为"生脉成骨片"的主要药味（刘中秋等，1998）及从木豆中提取、分离有关药用成分的报道。木豆叶水提物能使脂质过氧化物含量明显下降、超氧化物歧化酶（SOD）活力显著提高。木豆叶水提物能显著减少大鼠急性脑缺血模型脑组织的含量、脑指数及脑毛细血管伊文思蓝的渗出量。木豆叶水提物对脑缺血时脑组织中N元细胞膜及微管膜的稳定性有一定的保护作用（黄桂英等，2006）。木豆素制剂对腹腔毛细血管通透性有明显的抑制作用，同时还有镇痛作用（孙绍美等，1995）。木豆水提物的抗镰形细胞形成的作用被证实与cajaminose和苯基丙氨酸有关。木豆叶的乙醇粗提取物具有抗寄生虫活性（孙绍美等，1995）。

我国广东省药材标准中对木豆叶的功能与主治描述为活血化淤、消肿止痛、补肾健骨、祛腐生肌。用于淤血肿痛、股骨头缺血性坏死，外治水痘、痈肿及各种感染创面。木豆种子在闽南按赤小豆同等使用，民间作祛湿利水消肿药，用于脸、脚浮肿，黄疸腹水，手脚酸软，跌打肿痛，风湿痹痛，暑热湿重，小便黄赤不利，心虚水肿无力，肝炎水肿，黄疸肝炎，血淋，痔疮下血及痈疽肿痛等，同时是食疗、保健和食用佳品，夏天是祛暑降湿保健食品（钟小荣，2001）。我国台湾将木豆称为树豆，且其民间流传树豆可以作为诸药之引药。种子近圆球形，略扁，种皮暗红色，采其熟者入药，有清热解毒、补中益气、利水消食、止血止痢、散淤止痛、排痈肿之效。木豆的根部有清热解毒、利湿止血、止痛和杀虫作用（向锦等，2003；袁浩等，1984），主治咽喉肿痛、痈疽肿痛、痔疮出血、血淋水肿、小便不利（Quisumbing，1978）。

我国学者从20世纪90年代开始对木豆进行了新药研究与开发，主要集中在用木豆治疗外伤、烧伤、感染、褥疮（孙绍美等，1995）和抗菌消炎（刘中秋等，1998）等研究。尤其是广州中医药大学袁浩教授在研究中发现木豆叶对治疗股骨头缺血性坏死有神奇功效，研制并开发了新药"通络生骨胶囊"，浙江海正药业于2003年取得了国家颁发的新药证书并进行产业化生产。

另有广东省药材标准中对木豆叶有如下描述：本品为豆科植物木豆[*Cajanus cajan* (L.) Millsp.]的干燥叶。夏、秋二季采收，除去枝梗及杂质，晒干。具有活血化淤、消肿止痛、补肾健骨、祛腐生肌之功效。用于淤血肿痛、股骨头缺血性坏死，外治水痘、痈肿及各种感染创面。

1.3　木豆的综合利用

木豆是世界第六大食用豆类。在很多发展中国家，木豆籽实是重要的食物来源。在印度，木豆是仅次于鹰嘴豆的食用豆类。木豆籽实营养丰富，含丰富的蛋白质、淀粉和人体必需的多种氨基酸。木豆蛋白所含有的氨基酸中，谷氨酸很丰富，平均含量可达21.1%，但缺乏甲硫氨酸、脯氨酸、色氨酸和赖氨酸。木豆还是水溶性维生素，特别是维生素B_1、核黄素、烟酸和胆碱的优良来源（Salunkhe et al.，1986）。有研究对夏威夷的285种食物进行调查，其中木豆具有最高数量的B族维生素、胡萝卜素和维生素C（Miller et al.，1956）。木豆是很好的青饲料和干饲料。木豆的蛋白质含量很高，广西所产木豆其茎秆中粗蛋白含量达10.89%，叶片粗蛋白含量达23.73%，籽粒粗蛋白含量达20.41%。叶片、籽粒粗蛋白含量是玉米、水稻的2~3倍。

20世纪50年代中期，木豆在中国曾用于生产紫胶，但之后紫胶生产进入萧条期（陈玉德等，1993）。木豆是优良的紫胶虫寄生树，木豆放养冬代胶虫，单株产原胶40g，每亩[①]产26kg；放养夏代胶虫，单株产原胶180g，每亩产120kg。

木豆的其他用途还包括：用籽实生产的木豆淀粉可用于制备超强吸水剂（和润喜等，2001）；木豆籽实是酿造白酒的较好原料，所酿白酒酒体无色、清亮透明、无悬浮物、无沉淀、香气清香纯正、口感柔和，并有木豆的独特回味（甘瑾等，2006）；木豆籽实还可用于加工豆沙，所制豆沙颜色好、细腻光滑（刘秀贤等，2002）。有人对木豆豆沙的加工工艺进行了研究，确定的最佳工艺为：木豆除杂浸泡—筛选—去皮—煮烂—磨浆—炒制—装袋—杀菌—冷却—成品（张建云等，2001a）。

木豆非常耐干旱和贫瘠，根系可深达地下3m，根瘤固氮每年每公顷40kg，含有共生真菌，可溶解岩石中的磷酸铁并吸收磷分，因此在生态遭受严重破坏，特别是石漠化地区及喀斯特地质结构地区，可将木豆作为先锋植物大力种植（方亮，2003）。木豆籽实还可用于生产豆芽及制作豆腐、粉丝、豆蓉等。木豆茎秆是优质薪柴，还可用作优质的纸浆原料。

1.4 研究目的和意义

木豆是豆科木豆属一年生或多年生木本植物。木豆作为迄今为止世界上唯一的食用木本类作物，用途远比其他豆类广泛，综合价值极高，除具有很高的经济、生态利用价值外，还具有显著的医药价值。木豆在我国主要分布于云南、四川、江苏、广东、广西和海南等省，近年来其种植面积不断扩大，资源丰富。木豆叶在民间主要用来治疗肺炎、外伤、感染、褥疮、烧伤、流感、水痘及股骨头坏死等。木豆叶中含有多种活性成分，包括黄酮类及芪类等，其中，木豆素、木豆素A、木豆素C、芹菜素、木犀草素、cajanol及染料木苷等化合物是木豆中研究较多的活性成分。上述成分均具有很好的药理活性，附加值高、市场需求大，是药品、保健品和食品

---

① 1亩≈666.67m²

添加剂的重要原料。

虽然木豆的应用历史悠久，但目前国内外有关木豆的研究仍然局限在天然产物的提取、分离和结构鉴定等天然药物化学层面，得到的具有明确结构活性成分的数量非常有限，且活性成分药理机制不明确。本研究针对木豆中芪类成分水溶性差、生物利用度低、毒副作用明显等问题，设计新型衍生物结构，对木豆芪类化合物进行合成及结构修饰；对木豆中活性较低的黄酮类化合物进行生物转化结构修饰，提高有效黄酮类化合物的含量，增加资源利用度；对木豆活性成分进行筛选并进行深入的活性机制研究，为木豆活性成分的药品研究开发提供理论依据；同时对木豆资源进行功能化产品深入加工，充分开发木豆资源。本研究对木豆活性成分进行了全面充分的研究，为木豆资源利用提供了理论基础，对木豆资源的产业化开发具有推动性作用。

参 考 文 献

陈迪华, 李慧颖, 林慧. 1985. 木豆叶化学成分研究. 中草药, 16(10): 134-136.

陈莉, 陈坚波. 2005. 芪类化合物的药理研究综述. 广东药学, 15(3): 84-86.

陈玉德, 侯开卫, 吕福基, 等. 1993. 云南三种木本豆类资源的潜力及开发利用价值. 林业科学研究, 6(3): 346-350.

程誌青, 吴惠勤, 陈佃, 等. 1992. 木豆精油化学成分研究. 分析测试通报, (05): 9-12.

方亮. 2003. 印度木豆种植情况考察及我省引种发展的报告. 贵州畜牧兽医, 27(4): 15-17.

方先兰, 罗圣章. 2002. 木豆的用途及栽培技术. 江西农业科技, (1): 3.

甘瑾, 李正红, 谷勇, 等. 2006. 木豆小曲白酒发酵工艺的研究. 食品工业科技, 27(6): 105-107.

和润喜, 张建云, 李正红, 等. 2001. 木豆淀粉/丙烯腈超强吸水剂初步研究. 西南林业学院学报, 21(3): 184-186.

胡小平, 孙卉, 蔡文启, 等. 2003. 植物芪类植保素研究进展. 西北农林科技大学学报(自然科学版), 31(1): 157-160.

黄桂英, 廖雪珍, 廖惠芳, 等. 2006. 木豆叶水提物抗脑缺血缺氧损伤的作用研究. 中药新药与临床药理, 17(3): 172-174.

黄河胜, 马传庚. 2000. 黄酮类化合物药理作用研究进展. 中国中药杂志, (10): 589-592.

李展, 陈迪华, 斯建勇, 等. 2005. 抗骨质疏松有效成分木豆素类似物的合成. 中华中西药杂志, 6(16): 2230-2231.

林励, 谢宁. 1999. 木豆黄酮类成分的研究. 中国药科大学学报, 30(1): 21-23.

刘秀贤, 李正红, 张建云, 等. 2002. 木豆籽实加工豆沙初步研究. 林业科技开发, 16(3): 53-54.

刘中秋, 周华, 林励, 等. 1998. 生脉成骨片中木豆叶提取工艺研究. 中成药, 20(3): 7-9.

倪勤学, 霍艳荣, 陆国权. 2010. 花色苷保健功能的研究进展. 安徽农业科学, 38(35): 20025-20028, 20453.

冉先德. 1993. 中华药海. 哈尔滨: 哈尔滨出版社: 15-18.

斯建勇. 1991. 天然芪类化合物及其生物活性. 国外医药(植物药分册), (04): 155-156.

孙绍美, 宋玉梅, 刘俭, 等. 1995. 木豆素制剂药理作用研究. 中草药, 25(8): 147-148.

唐勇, 王兵, 周学君. 1999. 木豆制剂外敷对开放创面纤维结合蛋白含量的影响. 广州中医药大学学报, 16(4): 302-304.

吴茜, 李志裕, 唐伟方, 等. 2008. 黄酮的结构改造与生物活性. 天然产物研究与开发, 20(3): 557-562.

向锦, 庞文, 王建红. 2003. 木豆在中国的应用前景. 四川草原, (4): 38-40.

肖咏梅, 毛璞, 栗俊田, 等. 2011. 黄酮类化合物酶促衍生化的研究进展. 河南工业大学学报, 32(1): 78-82.

袁浩, 姚伦龙, 陈隆宽. 1984. 柳豆叶应用于感染创面564例疗效观察. 中西医结合杂志, 4(6): 352-353.

张建云, 邱坚, 李正红, 等. 2001a. 木豆豆沙的加工工艺研究. 食品科学, 2(4): 44-46.

张建云, 邱坚, 李正红, 等. 2001b. 木豆叶蛋白提取工艺的初步研究. 西南林学院学报, 21(1): 40-44.

郑元元, 杨京, 陈迪华, 等. 2007. 木豆叶芪类提取物对雌激素缺乏性大鼠骨质丢失的影响. 药学学报, 42(5): 562-565.

中国科学院植物研究所. 1979. 中国高等植物图鉴(第二册). 北京: 科学出版社: 504.

钟小荣. 2001. 木豆的利用价值. 中药研究与信息, 3(8): 47.

Abbiw DK. 1990. Useful Plants of Ghana. Richmond: Royal Botanic Gardens Kew: 64-67.

Bailey JA, Mansfield JW. 1982. Phytoalexins. Glasgow: Blackie.

Cooksey CJ, Dahiya JS, Garratt PJ, et al. 1982. Two novel stilbene-2-carboxylic acid phytoalexins from *Cajanus cajan*. Phytochemistry, 21(12): 2935-2938.

Duke JA, Vásquez R. 1994. Amazonian Ethnobotanical Dictionary. Boca Raton: CRC Press: 103-111.

Duker-Eshun G, Jaroszewski JW, Asomaning WA, et al. 2004. Antiplasmodial constituents of *Cajanus cajan*. Phytotherapy Research, 18(2): 128-130.

Gorham J. 1980. The stilbenoids. Progress in Phytochemistry, 6: 203-252.

Green PWC, Stevenson PC, Simmonds MSJ, et al. 2003. Phenolic compounds on the pod-surface of pigeonpea, *Cajanus cajan*, mediate feeding behavior of *Helicoverpa armigera*. Journal of Chemical Ecology, 29(4): 811-821.

Grover JK, Yadav S, Vats V. 2002. Medicinal plants of India with anti-diabetic potential. Journal of Ethnopharmacology, 81(1): 81-100.

Liu G, Dong J, Wang H, et al. 2011. Characterization of alkaloids in *Sophora flavescens* Ait. by high-performance liquid chromatography-electrospray ionization tandem mass spectrometry. Journal of Pharmaceutical and Biomedical Analysis, 54(5): 1065-1072.

Lule SU, Xia W. 2005. Food phenolics, pros and cons: A review. Food Reviews International, 21(4): 367-388.

Marley PS, Hillocks RJ. 2002. Induction of phytoalexins in pigeonpea (*Cajanus cajan*) in response to inoculation with *Fusarium udum* and other treatments. Pest Management Science, 58(10): 1068-1072.

Miller CD, Branthoover B, Sekiguchi N, et al. 1956. Vitamin values of foods used in Hawaii. Hawaii Agric Exp Stn Tech Bull, 30: 303.

Milliken W. 1997. Plants for Malaria, Plants for Fever. Richmond: Royal Botanic Gardens Kew: 158-164.

Morton JF. 1976. The pigeonpea (*Cajanus cajan* Millsp.), a high protein tropical bush legume. HortScience, 11(1): 11-19.

Quisumbing E. 1978. Medicinal Plant of the Philippines. Quezon: Katha Publishing: 1088-1091.

Salunkhe DK, Chavan JK, Kadam SS, et al. 1986. Pigeonpea as an important food source. Critical Reviews in Food Science and Nutrition, 23(2): 103-145.

Xiao J, Cao H, Chen T, et al. 2011. Molecular property-binding affinity relationship of flavonoids for common rat plasma proteins *in vitro*. Biochimie, 93(2): 134-140.

第2章　木豆芪类化合物化学结构修饰

2.1　引　言

芪类化合物（stilbenes）是以1,2-二苯乙烯为母核的一类化合物及其聚合物的总称。它主要包括二苯乙烯（stilbene，Ⅰ）、二苯乙基（bibenzyl，Ⅱ）、菲类（phenanthrenes，Ⅲ）及它们的衍生物（Ⅳ、Ⅴ）（图2-1）（Rivière et al.，2012）。在自然界中，该类化合物的分布并不广泛，主要原因是植物体内合成芪类需要芪类合成酶的参与，而这种酶仅在30余种植物中得到表达（孟旭辉等，2010）。20世纪90年代以后，因芪类及其衍生物具有多种生物活性，对于它的研究开始备受关注，其潜在的医药价值和营养价值被逐渐发掘出来。尤其是芪类化合物优秀的抗肿瘤活性，越发成为国内外的研究焦点（Cottart et al.，2014）。

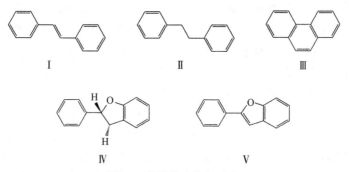

图2-1　芪类化合物的种类

2.1.1　天然芪类化合物

芪类化合物主要存在于种子植物中，也有报道在苔藓植物中发现芪类物质（孟旭辉等，2010）。它们多含于植物的木质部薄壁组织，是植物受到病虫害或其他不利刺激时产生的一种植物抗毒素（phytoalexin）（孟旭辉等，2010）。第一个天然芪类化合物首次于1822年从大黄中分离出来，自此以后，已经从葡萄科、豆科、松科、蓼科、大戟科等24个科53个属的植物中分离出107余种芪类化合物（Aggarwal et al.，2004）。如图2-2所示为6个常见的天然来源芪类化合物单体。

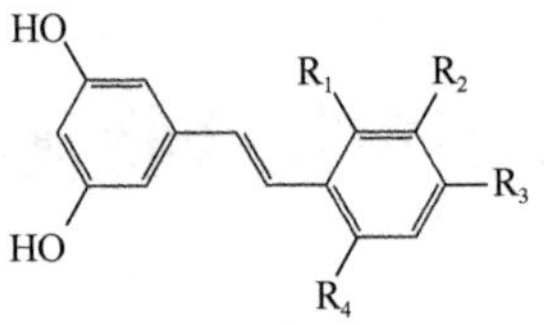

	R_1	R_2	R_3	R_4
(1) 白藜芦醇 (resveratrol)	H	H	OH	H
(2) 异丹叶大黄素 (isorhapontigenin)	H	OCH₃	OH	H
(3) 氧化白藜芦醇 (oxyresveratrol)	OH	H	OH	H
(4) 白皮杉醇 (piceatannol)	H	OH	OH	H
(5) 丹叶大黄素 (rhapontigenin)	H	OH	OCH₃	H
(6) 买麻藤醇 (gnetol)	OH	OH	H	OH

图2-2 常见的天然来源芪类化合物单体

2.1.2 芪类化合物的结构和理化性质

1. 芪类化合物结构

从结构上，芪类化合物可分为简单芪类化合物和聚合芪类化合物。在天然植物中，约有1/4的芪类化合物为简单芪类化合物而其余3/4则是聚合芪类化合物（Shen et al.，2009）。简单芪类化合物即芪类单体，是指只含有一个特征母核结构单元的芪类化合物，含有羟基、甲氧基、羧基等取代基，取代位置以3位和5位为主，少数也有2位和4位取代。在植物中多以游离羟基、甲氧基或糖苷形式存在且多为反式构型。简单芪类化合物中，最受研究者关注的是具有显著生物活性的白藜芦醇（Wu et al.，2013）。聚合芪类化合物主要包括由芪类化合物单体通过氧化偶联而形成的低聚物及与黄烷醇聚合成的鞣质等。聚合芪类化合物其聚合度一般在2～8。自然界中发现的芪类化合物主要以二聚体、三聚体的形式存在，迄今发现的聚合度最高的聚合芪类化合物为八聚体。

2. 芪类化合物理化性质及结构测定

大多数的芪类化合物呈无色或浅红色固体，也有个别为油状。其相对分子质量在200～400，熔点在150～300℃。芪类化合物易溶于多种有机溶剂，如甲醇、丙酮、氯仿、苯、乙酸等，其苷可溶于水。在紫外灯下，芪类化合物能发出特征蓝色荧光，经过氨熏后荧光能够加强。芪类化合物具有光、热不稳定性。

对芪类化合物及其衍生物的检测，一般采用核磁共振氢谱、核磁共振碳谱、红外光谱、紫外光谱。通过核磁的氢谱能够很容易区分顺反异构体。顺式芪的偶合常数为10～12Hz，反式芪的则为15～17Hz。另外根据氢谱还能够判断取代基团。根据核磁共振碳谱图可以判断两个苯环由二苯乙烯连接的基本骨架是否成形。同时，可以通过分析碳原子数目核对与目标化合物是否吻合。从红外光谱图中同样能够判断芪类的顺反异构。顺式的双键会有455～670nm的特征单峰，而反式的则会在955～980nm出现特征单峰。除此之外，紫外光谱也可以看出顺反异构的区别。反式构型会存在308～366nm和281～313nm的吸收带，而顺式只会有后者短波区间的吸收带。这是因为当两个苯环处于顺式构型时，共轭效果被极大地降低，吸收强度会减小，从而使得吸收峰偏于短波的位置。

3. 芪类化合物生物活性

从研究结果来看，芪类化合物具有广泛的生理活性，如抗肿瘤、抗微生物、抗氧化、抗血栓、抗动脉粥样硬化、保护肝脏、保护心血管、治疗2型糖尿病、治疗老年痴呆、抑制血小板凝聚、杀虫等（赵艳敏等，2015）。以下针对其研究较多的主要生理活性进行详细介绍。

1）抗肿瘤活性

早在1993年就有报道称白藜芦醇具有抗肿瘤活性，但之后芪类化合物的抗肿瘤活性并没有引起研究者的充分重视（付元庆和李铎，2014）。直到1997年，Jang和Pezzuto（1999）发表论文论证了白藜芦醇对于肿瘤的抑制作用，才使得芪类化合物的抗肿瘤活性受到广泛关注。该研究认为在癌症的各个阶段，白藜芦醇都有非常明显的表现：能抑制突变、抗氧化、抑制自由基并诱导Ⅱ期药代谢酶（起始阶段）；拥有对环氧化酶和过氧化氢酶活性的双重抑制作用，有很强的抗炎效果（促进阶段）；能诱导人急性早幼粒细胞性白血病细胞株HL-60的分化，诱导肿瘤细胞的凋亡（发展阶段）。在此之后，研究者开始大量关注白藜芦醇及其衍生物的抗肿瘤活性。目前认为芪类化合物体外对白血病、肝癌、胃腺癌、胰腺癌、直肠癌等多种肿瘤均有显著抑制作用（Ulrich et al.，2005），结合现有国内外对于白藜芦醇抗肿瘤活性的研究来看，其作用机制应该是多机制相互作用的，主要分为4个方面，分别是诱导肿瘤细胞凋亡、抑制核苷酸还原酶、干扰素相关信号传导通路和干扰细胞周期（陈卫琼和杨慧龄，2008）。

2）抗微生物活性

人们很早就认识到芪类是植物抗毒素，是广谱抗菌剂。不同的芪类化合物抗菌活性是不同的，其中研究较多的白藜芦醇、赤松素、蝶芪、白皮杉醇等芪类化合物均表现出抗微生物活性。曾有研究者提取获得的白皮杉醇拥有与白藜芦醇相当的抗菌活性，对青霉菌的最小抑菌浓度（MIC）为100μg/mL（Inamori et al.，1984）。从豆科植物*Dalea versicolor*中得到的次生代谢物白藜芦醇甲基醚对金黄色葡萄球菌和蜡状芽孢杆菌有明显抑制效果，并且对于黄连素和一些抗生素都有协同增效（Belofsky et al.，2004）。有研究表明了白藜芦醇及其衍生物对于大肠杆菌和金黄色葡萄球菌的抑制活性，并申请了专利保护（刘华臣等，2009）。

3）抗氧化活性

芪类化合物大多具有抗氧化活性。它不仅被用作体外的抗氧化剂，而且因为它具有很强的清除活性氧（ROS）自由基活性，被广泛应用于疾病预防与治疗（王永久等，2012）。同时，体外实验表明包括白藜芦醇在内的三种多羟基芪类化合物在浓度为$5×10^{-4}$mol/L时，就可以完全抑制ADP和NADPH诱导的鼠肝线粒体中的脂质过氧化，从而起到保肝作用。2005年，Kim等（2005）运用1,1-二苯基-2-三硝基苯肼（DPPH）自由基清除活性、超氧阴离子、脂质过氧化抑制作用等三种模型，对从爬山虎中分离得到13个芪类化合物进行抗氧化实验，发现其中部分单体的活性甚至与著名的槲皮素（quercetin）、奎诺二甲基丙烯酸酯（trolox）、丁基羟基茴香醚（BHA）等相当。

4）心血管保护作用

1989年，世界卫生组织开展的全球心血管疾病流行病学调查结果表明，几乎是美国和英国人的四倍的饱和脂肪酸使用量的法国人，罹患心脏病的危险却只有前者的1/3，这被称为法国悖论（Kopp，1998）。研究证明这与法国人饮用葡萄酒的习惯有关，而起到保护心血管作用的正是其富含的芪类化合物白藜芦醇。它对心血管的保护原理主要源于：抗氧化、抑制血小板凝聚、抑制血管平滑肌细胞或内皮细胞增生及改善血管舒张活性（Delmas et al.，2005）。

2.1.3 芪类化合物人工合成研究概况

随着二苯乙烯类化合物，尤其是具有生理活性的芪类在各领域的功能不断被发现，该类化合物受到国内外很多研究者的高度重视。目前大家所认识的芪类化合物大部分都来源于植物，但是在植物中含量较低且提取成本较高，这样就造成了此类化合物的严重缺乏（龙苏华等，2008）。另一方面，天然芪类化合物作为抗肿瘤药物，它本身的作用并不是很强，因此有必要通过对它的结构加以化学改造以合成活性更强的化合物。目前合成的芪类化合物主要是向苯环上引入更多的羟基、甲氧基、氨基、卤素等基团。因此，使用化学方法来合成芪类化合物引起了很多研究人员的重视，随着近年来的研究进展，很多用于合成二苯乙烯类化合物的方法被结合用于芪类活性物质的合成研究中，其重点主要是以烯键来连接两个苯环，并获得单一构型的化合物（黄卫文等，2010），以下将对二苯乙烯的合成方法进行具体论述。

1. Wittig反应和Wittig-Horner反应

Wittig反应和Wittig-Horner反应是最常用、最普遍也是最传统的合成二苯乙烯的方法（Chen and Lei，2000）。二者反应机理相似，Wittig反应通过醛或酮与三苯基膦叶立德反应生成烯烃，而Wittig-Horner反应使用更简单易得的亚磷酸酯代替三苯基膦，先制成磷叶立德后再与醛或酮反应来得到烯烃。20世纪70年代，Lonsky等（1976）使用Wittig反应得到了几个羟基取代二苯乙烯类化合物，在这之后，Wittig反应被广泛用于二苯乙烯的合成研究中。但是Wittig反应制备芪类化合物通常收率并不高，这主要是因为副产物氧化三苄基膦呈脂溶性，使得产品分离困难，另外，更重要的是Wittig反应立体选择性不高，使得产物中既有顺式产物又有反式产物。Wittig-Horner反应相当于改良版，具有更多优点。Andrus等（2003）使用亚磷酸三异丙酯进行Wittig-Horner反应合成白藜芦醇，总收率36%。2011年，李晓霞等（2011）以3,4-二甲氧基苄醇为原料，经过溴代、Arbuzov反应及Wittig-Horner缩合和脱甲基反应制备出白皮杉醇。Lee等（2010）以二取代溴化苄为原料，先后通过Arbuzov和Wittig-Horner反应，并最后经过脱保护合成了白藜芦醇、白皮杉醇、紫檀芪等8个具有二苯乙烯结构的衍生物。

2. Perkin反应

通过Perkin反应可以得到二苯乙烯基羧酸，再经过脱羧处理，就能够得到结构各异的二苯乙烯类化合物（Šmidrkal et al.，2010）。Solladié等（2003）改进了该反应，采用异丙基作为保护剂保护原料中的酚羟基，得到白藜芦醇的收率为55.2%，但需要在−78℃的低温下才能脱除保护基。2006年，朱玉松等（2006）用碳酸钾-苄基三乙基溴化铵体系代替了Solladié研究中的三乙胺，通过增加碱性来增高反应的收率，结果为60%～67%。2007年，Sinha等（2007）研究了Perkin缩合和脱羧一步化的方法，采用"一锅法"以羟基取代的苯甲醛和苯乙酸为原料在微波条件下合成了系列反式芪类化合物，收率为41%～71%。总体来说，通过Perkin反应得到的二苯乙烯为顺式构型，要得到反式构型的化合物需要经过构型转化。

3. Heck反应

Heck反应是在钯催化条件下，炔烃或烯烃与芳基卤代物偶联的一种反应。近年来过渡金属钯催化的方法发展迅速，使得Heck反应成为构建碳碳键的一种有效方式，被广泛应用于天然产物的合成中。Heck反应具有很高的立体选择性，产物结构以反式为主，反应简单、温和，即使溶剂未干燥或无保护气体也能够顺利进行反应，原料的取代基种类丰富适宜于合成各种取代芪类。2002年，Guiso等（2002）利用Heck反应，以乙酰基作保护基团，将经过羟基保护的二取代苯乙烯与碘代苯作为原料，采用Pd(OAc)$_2$作催化剂，用三乙胺（Et$_3$N）提供碱性，三苯基膦（PPh$_3$）为配体，成功合成白藜芦醇，产率可达70%。但由于原料3,5-二乙酰氧基苯乙烯是经过Wittig反应制备的，导致整体的反应路线比较冗长。2004年，Botella和Nájera（2004）在其研究基础上，用衍生肟环钯或乙酸钯作为催化剂，用甲基来保护苯环上的羟基，提供弱碱性条件，用水或二甲基乙酰胺（DMA）为溶剂，四丁基溴化铵（TBAB）作相转移催化剂，成功合成了白皮杉醇和白藜芦醇等芪类化合物。闫起强等（2011）也在Guiso等研究路线基础上经Heck反应合成了白藜芦醇，改进之处在于，闫自强等使用3,5-二羟基苯乙酮为底物，经过后续一系列处理得到产物；而Wehrli（2012）将原料2-(3,5-二乙酰氧基苯基)溴乙烷通过脱除HBr制得。二者与Guiso路线相比，避免了使用Wittig反应，提高了可行性。

4. 偶联反应

芪类化合物可以由偶联的方法获得，常用的偶联方法有Kochi-Fürstner偶联、Kumada偶联、McMurry偶联、Suzuki偶联4种。

1）Kochi-Fürstner偶联

1971年，Kochi等报道利用铁作催化剂，用烯基卤代烃和烷基格氏试剂进行专业性的交叉反应，此反应立体选择性高，产物构型与底物一致。同时，还证实了通过优化溶剂和降低反应温度，芳基格式试剂也能够进行同样的反应。2001年，Dohle等（2001）使用Fe(Ⅲ)-Fe(acac)₃催化芳基格氏试剂与卤代烯烃反应合成二苯乙烯类偶联产物。Bezier等（2013）研究发现铁与氮杂环碳烯复合物可以催化Kochi-Fürstner偶联并有效构建碳碳双键从而合成二苯乙烯类化合物。

2）Kumada偶联

1972年，Kumada等报道利用镍和磷化氢的复合物催化格氏试剂与乙烯基或芳基卤化物的反应，偶联生成烯烃；同一年里，Corriu和Masse（1972）发现使用乙酰丙酮合镍(Ⅱ)可催化苯基溴化镁与β-溴苯乙烯的反应得到反式二苯乙烯。2008年，Xi等（2008）制备了新型的镍与氮杂环碳烯的复合物并用于催化卤代芳基的Kumada偶联反应，合成了一系列二苯乙烯类化合物。这种新型催化体系相比传统的镍-膦复合物，拥有更高的反应收率，并且条件温和，性能高效。

3）McMurry偶联

20世纪70年代，McMurry（1989）发现在低价钛催化下，醛酮的两个羰基脱除氧后可以偶联形成烯烃。此法可以方便、高产率地合成以反式构型为主的对称二苯乙烯类化合物。使用多位点甲氧基取代的苯甲醛为原料，以Zn和TiCl₄为催化剂进行McMurry偶联反应，经脱甲基得到一系列多羟基的二苯乙烯类化合物，以评估对杀线虫的抑制活性。2005年，Stuhr-Hansen（2005）报道了芳醛和芳酮在低价钛催化下，通过微波手段经McMurry反应以80%～96%的高产率得到了一系列二苯乙烯类化合物。该研究极大地拓展了微波在McMurry偶联反应中的应用。Dhyani等（2011）也采用McMurry偶联反应合成了一系列反式多羟基白藜芦醇衍生物，并分别进行了体内外抗肿瘤活性实验。

4）Suzuki偶联

1979年，日本科学家Miyaura和Suzuki（1979）在碱性条件下，使用四位零价钯配合物四(三苯基膦)钯为催化剂，用烯基硼氢化合物与卤代芳烃高效合成反式芳基烯烃。2001年，Eddarir等（2003）用Suzuki偶联反应成功合成氟代的白藜芦醇和紫檀芪。

2.1.4　研究目的和意义

由于芪类化合物具有多种生物活性，对它的化学结构修饰及全合成已成为国内外科研工作者研究的重点。多官能团芳香化合物在有机合成中一直就是一个重大的挑战，而现有合成芪类的方法不尽如人意之处主要表现在两方面：第一，传统方法是以原有芳烃为基础进行结构修饰，取代基的个数及种类受限于原料芳香醛，难以得到多取代基且取代基不尽相同的化合物；第二，严重依赖于传统的亲电或亲核取代、偶联催化反应和金属化、官能团化反应，这些合成路线都需要多级连续的反应，特别是严重的不确定区域选择是由于取代基的激活、停止和定向的影响，因此造成了反应立体选择性低，同时可生成顺反异构体，以及收率较低等问题。基于以上原因，寻求一种新的合成反式芪类衍生物的方法势在必行。

本研究将二硫缩烯酮非环体系作为基础通过[5+1]成环策略来构建二苯乙烯结构，设计的反应路线如图2-3所示。首先以双乙烯酮和系列胺类化合物为原料来进行α-羰基二硫缩烯酮的合成，然后将α-羰基二硫缩烯酮与肉桂醛进行克莱森缩合后，得到α-烯酰基二硫缩烯酮，最后以硝基烷烃作为^{1}C合成子，采用[5+1]成环策略构建芳环进而形成二苯乙烯结构。此路线通过采用不同的胺类和肉桂醛原料在非环体系的

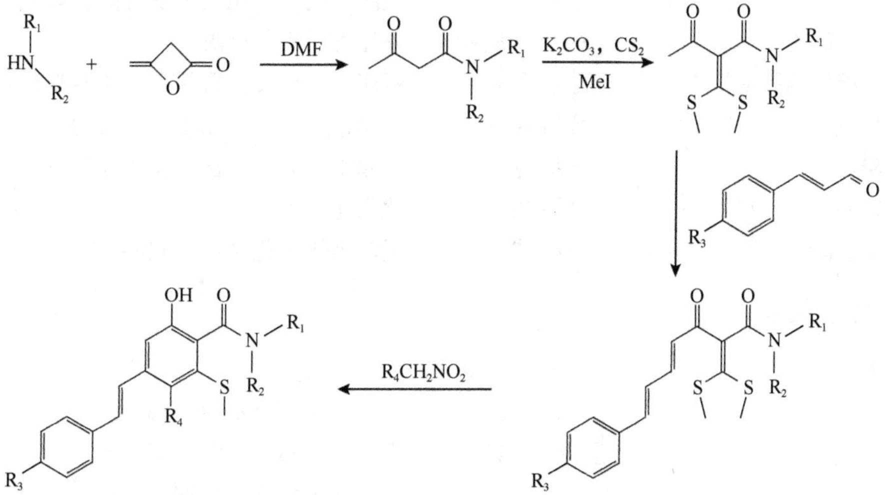

图2-3　本研究设计三步合成含氮、硫多取代基反式芪类衍生物的路线

构建阶段接入含氮、硫的多种官能团，从而在最终的环合过程中可将具有生理活性的基团成功接入二苯乙烯的苯环上，期望获得有明显活性提高的化合物，为芪类新药的开发奠定理论研究基础。

2.2 一锅法合成α-羰基二硫缩烯酮

2.2.1 实验材料和仪器

1. 实验材料

试剂	规格	生产厂家
二甲胺	分析纯	阿拉丁试剂（上海）有限公司
二乙胺	分析纯	梯希爱（上海）化成工业发展有限公司
正丙胺	分析纯	阿拉丁试剂（上海）有限公司
异丁胺	分析纯	阿拉丁试剂（上海）有限公司
正戊胺	分析纯	阿拉丁试剂（上海）有限公司
正己胺	分析纯	阿拉丁试剂（上海）有限公司
苄胺	分析纯	阿拉丁试剂（上海）有限公司
双乙烯酮	分析纯	北京偶合科技有限责任公司
无水碳酸钾	分析纯	天津市科密欧化学试剂有限公司
二硫化碳	分析纯	天津市科密欧化学试剂有限公司
碘甲烷	98%	北京中科拓展化学技术有限公司
N,N-二甲基甲酰胺（DMF）	分析纯	天津市巴斯夫化工贸易有限公司
柱层析硅胶	300～400目	青岛美高集团有限公司
薄层层析硅胶薄板	薄层层析	浙江省台州市路桥四甲生化塑料厂
石油醚	分析纯	天津市富宇精细化工有限公司
乙酸乙酯	分析纯	天津市天力化学试剂有限公司
二氯甲烷	分析纯	北京化工厂
无水硫酸钠	分析纯	天津市天力化学试剂有限公司

2. 实验仪器

仪器	型号	生产厂家
电子天平	AB104	瑞士 Mettler-Toledo 公司
三用紫外分析仪	WFH-203	上海精科实业有限公司
集热式恒温磁力搅拌器	DF-101S	江苏省金坛市岸头国瑞实验仪器厂
旋转蒸发仪	RE-2000	上海亚荣生化仪器厂
循环水式多用真空泵	SHB-ⅢA	郑州长城科工贸有限公司

烘干机	WK891	重庆四达实验仪器厂
超导核磁共振波谱仪	500Hz	瑞士 Bruker 集团
LC-MS-MS	API3000	西班牙 Biosystem 公司
高速离心机	22R	德国 Heraeus Sepatech 公司

3. 分析测试条件和常规试剂处理

　　除特殊说明外所有溶剂都未经处理直接使用。使用薄层层析色谱（TLC）对反应过程进行监测，硅胶薄板型号为GF254，设定254nm、365nm为紫外分析波长。采用300～400目的正相硅胶柱层析，以石油醚和乙酸乙酯为洗脱剂对反应产物进行纯化。通过API3000 Triple串联四级杆质谱仪的正电荷电喷雾离子模式（ESI$^+$）对产物进行质谱的测定。通过Bruker Avance III 500超导核磁共振波谱仪对产物进行^{1}H-NMR和^{13}C-NMR测定，内标物为四甲基硅烷（TMS），溶剂为CDCl$_3$（溶剂化学位移为^{1}H-NMR：δ=7.26ppm[①]；^{13}C-NMR：δ=77.23ppm）。

2.2.2　实验方法

　　α-羰基二硫缩烯酮的合成路线如图2-4所示。

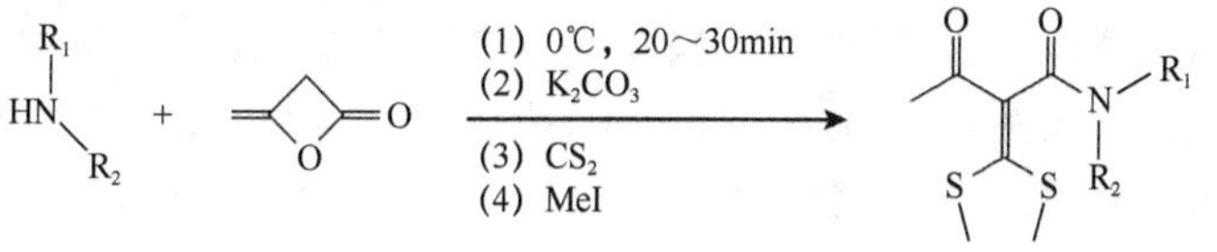

图2-4　α-羰基二硫缩烯酮的合成路线

　　合成化合物1a～1g，如表2-1所示。

表2-1　α-羰基二硫缩烯酮的合成及其收率

| 序号 | 胺类底物 | 取代基 | | 产物 | 时间 [a] (h) | 收率 (%) |
		R$_1$	R$_2$			
1	二甲胺	CH$_3$	CH$_3$	1a	2.5	73.5
2	二乙胺	CH$_2$CH$_3$	CH$_2$CH$_3$	1b	2.5	75.6
3	正丙胺	(CH$_2$)$_2$CH$_3$	H	1c	3	73.8
4	异丁胺	CH$_2$C(CH$_3$)$_2$	H	1d	3	85.0
5	正戊胺	(CH$_2$)$_4$CH$_3$	H	1e	3	91.0
6	正己胺	(CH$_2$)$_5$CH$_3$	H	1f	3	89.6
7	苄胺	CH$_2$C$_6$H$_5$	H	1g	3	90.4

　　a 本章中反应时间都是从滴加完碘甲烷之后开始计算，本章其余表格不再重复注解

————————————

① 　1ppm=10^{-6}

　　实验步骤：化合物1a、1b的合成：以二甲胺为例，将二甲胺（765μL，5mmol）加入圆底烧瓶溶于7mL DMF中，使用冰盐浴将温度降至-10℃，并缓慢滴加双乙烯酮（385μL，5mmol）。10min滴加完毕，继续反应20min并使用TLC板监测反应状况。直接进入下一步反应，继续在-10℃下搅拌，加入制备的弱碱碳酸钾（1.382g，10mmol），活化反应30min，然后加入二硫化碳（360μL，6mmol），溶液变为红色，继续反应1h后，缓慢滴加碘甲烷（620μL，10mmol），滴加完毕后缓慢升至室温反应2～2.5h，使用TLC板监测反应进程，当底物反应完全，加入蒸馏水停止反应，用乙酸乙酯进行萃取。收集有机层并水洗3次，加入除水剂干燥。使用硅胶柱色谱进行分离纯化，以石油醚与乙酸乙酯进行梯度洗脱。并使用二氯甲烷与石油醚体系进行重结晶。

　　化合物1c～1g的合成：以正丙胺反应为例，将正丙胺（411μL，5mmol）加入圆底烧瓶溶于7mL DMF中，使用冰浴将温度降至0℃，并缓慢滴加双乙烯酮（385μL，5mmol）。10min滴加完毕，继续反应20min并使用TLC板监测反应状况。直接进入下一步反应，继续在0℃下搅拌，加入弱碱碳酸钾（1.382g，10mmol），活化反应30min，然后加入二硫化碳（360μL，6mmol），溶液变为红色，继续反应1h后，缓慢滴加碘甲烷（620μL，10mmol），滴加完毕后缓慢升至室温反应3h左右，使用TLC板监测反应进程，当底物反应完全，加入蒸馏水停止反应，用乙酸乙酯进行萃取。收集有机层并水洗3次，加入除水剂干燥。使用硅胶柱色谱进行分离纯化，使用石油醚与乙酸乙酯进行梯度洗脱。并使用二氯甲烷与石油醚体系进行重结晶。

2.2.3　结果与讨论

1. 产物的鉴定

　　对合成的化合物1a～1g进行MS、^{1}H-NMR及^{13}C-NMR的表征。以结构最为复杂的化合物1f为例（图2-5），对其谱图表征结果进行分析。由MS谱图中可找到分子峰290。基本可以确定所合成化合物的分子量为289。与目标产物相符合。再结合核磁谱图对其结构进行分析。从^{1}H-NMR中，可以根据峰的位移及其裂分程度进行各个峰的归属。从低场强部分开始，0.888ppm为14位甲基3个H，因为13位亚甲基的影响，裂分为三重峰；在1.301～1.371ppm的多重峰为11位、12位、13位的亚甲基上的6个H，因为相互间影响裂分为多重峰；1.567ppm处为10位的亚甲基上的2个H。2.389ppm单峰为1位甲基的3个H；2.428ppm单峰为7位和8位上两个甲硫基的6个H；3.200ppm处为9位亚甲基H峰；6.439ppm单峰为5位N上的H。再对其^{13}C-NMR谱图进行分析，首先通过峰的个数来确定C原子个数为13，与目标产物相吻合。然后对各个峰进行归属，13.98ppm为硫烷基上的甲基C；17.71～39.96ppm为酰胺基团上碳链的亚甲基及甲基C；139.18ppm为3位的α-C；152.94ppm为4位羧基C；165.13ppm为6位

C；197.17ppm为2位羰基C。对得到的所有的化合物进行几种谱图的解析，进行交叉综合判断，基本能够确定合成的化合物为目标产物。

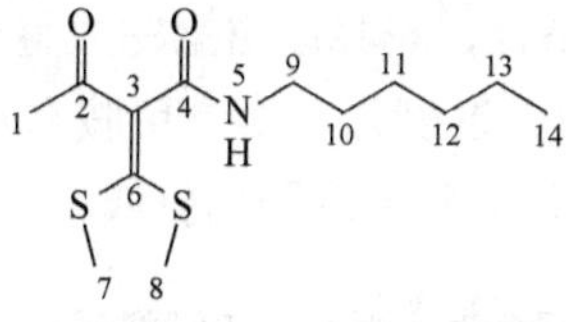

图2-5　化合物1f结构

2. 溶剂的影响

本研究中将合成乙酰乙酰胺前体与α-羰基二硫缩烯酮的反应相结合，以"一锅法"反应合成酰胺基团取代的α-羰基二硫缩烯酮。这不仅降低了因为分步反应造成的中间体损耗，同时简化反应步骤降低成本。但是，整个反应过程中加入试剂和操作步骤较多，综合考虑各个步骤的实际需要而选择合适的溶剂成为一个难点。因此，本研究首先对该反应使用的溶剂进行了选择。本着绿色化学的原则，考察了水加上相转移催化剂的体系，然后使用了不同极性的有机溶剂，如DMF、乙腈（CH_3CN）、四氢呋喃（THF）。

虽然已有报道，在经由二羰基化合物合成二硫缩烯酮反应中使用水和相转移催化剂来代替有机试剂进行绿色合成。但是，本研究使用"一锅法"还将前一步合成乙酰乙酰胺的反应也融入其中，使得步骤更多，反应体系更为繁杂。在双乙烯酮与胺类进行开环反应的第一个步骤中，通过TLC板监测，反应进行并不充分，延长反应到40min后，依然有底物剩余。而到加入二硫化碳的阶段，体系开始变得极其复杂，有可能是第一步剩余的大量底物在后来与二硫化碳反应，生成大量副产物。这样使得获得中间体产物极其困难，使后续步骤难以进行。因此，水和相转移的绿色体系难以在本研究设计的"一锅法"反应中实施。

然后对比各种有机溶剂，结果发现，在三种不同极性的溶剂中反应都能够进行，但是在DMF中情况最佳。而且在部分胺类的反应中，若使用极性较低的THF，在碘甲烷滴加完毕后，反应体系会逐渐变得黏稠，使磁力搅拌难以正常搅拌。即使补加反应溶剂后，状况仍然难以得到缓解。推断是生成的α-羰基二硫缩烯酮极性稍大，在小极性的THF中溶解度较低，因此产物不断析出，致使体系黏稠。在CH_3CN中虽然能够正常反应，但因其具有毒性较大，综合考虑选择了极性稍大的DMF作为反应体系溶剂。

3. 反应温度的影响

在"一锅法"反应过程中，很多加入试剂都有热不稳定性，而多个反应步骤也都需要在较低温度下进行。例如，双乙烯酮高温下易变质，需低温保存；二硫化碳的取代反应需要低温进行；碘甲烷易挥发且反应活性高，也需要低温进行反应。因此，本研究以化合物1a、1c、1f为例对反应温度进行了优化（表2-2）。本研究选择的冰盐浴、冰浴和室温分别达到-10℃、0℃及25℃。结果发现，整个反应过程普遍至少需要0℃的低温，考虑经济性，选择冰浴来完成整个过程的温度控制，而针对部分胺类底物与双乙烯酮的反应太过剧烈，如二甲胺与双乙烯酮的反应，则需要在滴加双乙烯酮的过程中使用冰盐浴来将温度降到更低。

表2-2　温度对α-羰基二硫缩烯酮合成的影响

序号	产物	温度（℃）	时间（h）	收率（%）
1	1a	-10	2.5	73.5
2	1a	0	2	52.4
3	1a	25	2	—
4	1c	-10	5	74.9
5	1c	0	3	73.8
6	1c	25	3	30.2
7	1f	-10	5	88.5
8	1f	0	3	89.6
9	1f	25	2	76.0

4. 反应物投料比的影响

在"一锅法"反应中，涉及反应物种类很多，因此每一种加入试剂的用量都极其重要。有机反应中，为了使反应平衡向正向移动，通常会适度过量，然而不恰当的投料比不仅会影响当前步骤的反应效果，还会对后续步骤造成连锁效应。本研究以化合物1c的合成为例，对其中较为关键的两种反应物即有机胺和二硫化碳的用量进行了具体研究（表2-3）。

表2-3　反应物投料比对α-羰基二硫缩烯酮合成的影响

序号	投料比[a]		时间（h）	收率（%）
	有机胺的用量	CS_2的用量		
1	0.8	1.0	2.5	48.9
2	1.0	1.0	2.5	64.6
3	1.2	1.0	2.5	62.5
4	1.4	1.0	2.5	—
5	1.0	0.8	>5	56.4
6	1.0	1.2	2.5	73.8
7	1.0	1.4	2.5	74.6

a 本章中投料比均为加入试剂与双乙烯酮的摩尔量倍数

胺作为起始原料,对其0.8~1.4倍的量进行了考察。结果发现,胺类与双乙烯酮反应较为彻底且产物单一,而过量加入胺类反而使得后续反应体系复杂,这主要是残余太多的胺会与之后加入的二硫化碳生成副产物硫脲(图2-6)。因此本研究选择等摩尔量的胺来进行反应。

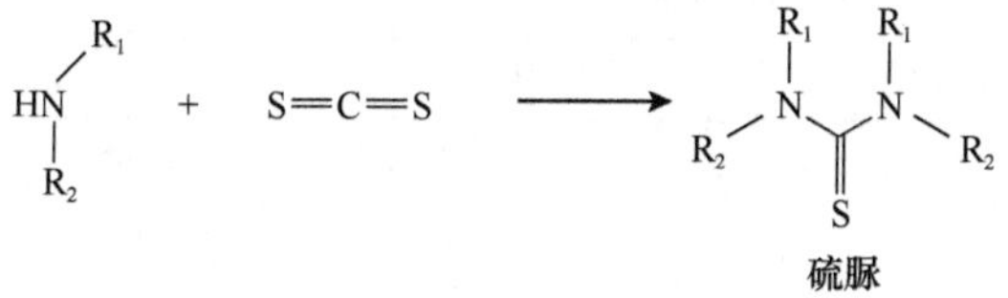

图2-6 主要副产物硫脲的形成

二硫化碳作为重要的中间步骤反应物,其量的多少直接关系到其前后加入的其他原料能否完全反应,为了尽可能提高原料的利用率,本研究选择二硫化碳加入0.8倍量至1.4倍量。结果发现,当二硫化碳的量低于1.2倍量时,底物总是反应不完。分析原因:第一,如果上一步反应残留胺,那么二硫化碳会与残余胺反应生成硫脲,从而消耗掉部分二硫化碳,造成实际反应量不足;第二,二硫化碳作为一个小分子化合物非常容易挥发,在反应中可能有小部分二硫化碳挥发掉了,导致实际反应中的二羰基化合物的量相对于二硫化碳来说稍过量了。而高于1.2倍后面继续增加二硫化碳用量后,相对于反应并没有明显的促进作用,反而在后处理时依然有很大的难闻气味,这样既浪费了原料,又在实验过程中造成不必要的有毒试剂挥发,对人体造成伤害。因此最终选择了1.2倍摩尔量的二硫化碳。

5. 双乙烯酮和碘甲烷滴加时间的影响

双乙烯酮和碘甲烷在常温下都不稳定且极其活泼,因此在反应过程中现象剧烈。如果直接加入这两种试剂,不仅会形成白雾甚至造成溶剂飞溅,通过TLC板监测还会发现过快加入会使反应体系变得更为复杂,副产物急剧增多。然而滴加过慢,因为试剂本身稳定性较低,也会造成副产物增多。因此选用注射器来进行逐滴滴加,并且以1c的合成反应为例,对滴加反应物的时间进行了考察(表2-4)。通过比较发现,滴加双乙烯酮的时间在10min左右较为合适,而碘甲烷需要5min左右的滴加时间。

6. 化合物结构表征

1a:2-(二甲硫基)甲烯基-N,N-二甲基-3-氧代丁酰胺(2-(bis-methylsulfanyl-methylene)-N,N-dimethyl-3-oxo-butyramide)

^{1}H-NMR(500MHz, CDCl$_3$):2.204(s, 3H, COCH$_3$),2.36(d, J=25Hz, SCH$_3$),2.899(s, NCH$_3$),2.991(s, NCH$_3$);^{13}C-NMR(125MHz, CDCl$_3$):

17.30，18.54，29.19，34.70，37.90，138.05，152.17，167.58，193.88. ESI-MS：m/z=234.3[M+H]$^+$

表2-4　双乙烯酮和碘甲烷滴加时间对α-羰基二硫缩烯酮合成的影响

序号	加样时间（min）		反应状况	产率（%）
	双乙烯酮	碘甲烷		
1	5	—	溶液飞溅	—
2	10	3	平稳进行	70.1
3	15	3	平稳进行	50.8
4	20	3	副产物多	—
5	10	1	反应剧烈	—
6	10	5	平稳进行	73.8
7	10	7	平稳进行	72.6

1b：2-(二甲硫基)甲烯基-N,N-二乙基-3-氧代丁酰胺（2-(bis-methylsulfanyl-methylene)-N,N-diethyl-3-oxo-butyramide）

^{1}H-NMR（500MHz, CDCl$_3$）：1.141（t, J_1=7.5Hz, J_2=7Hz, 3H, CH$_3$），1.225（t, J_1=7, J_2=7.5, 3H, CH$_3$），2.291（s, 3H, COCH$_3$），2.444（d, J=27, 6H, SCH$_3$），3.289（q, J=7, N-CH$_2$），3.525（q, J=7, N-CH$_2$）；^{13}C-NMR（125MHz, CDCl$_3$）：12.01，13.84，17.29，18.63，29.06，38.92，42.72，138.67，151.82，166.66，193.93. ESI-MS：m/z=262.4[M+H]$^+$

1c：2-(二甲硫基)甲烯基-N-丙基-3-氧代丁酰胺（2-(bis-methylsulfanyl-methylene)-N-propyl-3-oxo-butyramide）

^{1}H-NMR（500MHz, CDCl$_3$）：0.969（t, J_1=7, J_2=7.5, 3H, CH$_3$）1.590～1.634（m, CH$_2$），2.374（s, 3H, COCH$_3$），2.431（s, 6H, SCH$_3$），3.331（q, 2H, N-CH$_2$），6.533（s, 1H, NH）；^{13}C-NMR（125MHz, CDCl$_3$）：11.47，17.68，18.76，22.5，29.75，41.65，139.1，153.22，165.36，196.85. ESI-MS：m/z=248.3[M+H]$^+$

1d：2-(二甲硫基)甲烯基-N-异丁基-3-氧代丁酰胺（2-(bis-methylsulfanyl-methylene)-N-isobutyl-3-oxo-butyramide）

^{1}H-NMR（500MHz, CDCl$_3$）：0.969（d, J=6.5Hz, 6H, CH$_3$），1.894（m, 1H, CH），2.358（s, 3H, COCH$_3$），2.430（s, 6H, SCH$_3$），3.178（t, J=6Hz, 2H, N-CH$_2$），6.719（s, 1H, NH）；^{13}C-NMR（125MHz, CDCl$_3$）：17.60，18.82，20.23，20.23，28.27，29.64，47.33，139.10，153.37，165.62，196.47. ESI-MS：m/z=262.3[M+H]$^+$

1e：2-(二甲硫基)甲烯基-*N*-戊基-3-氧代丁酰胺（2-(bis-methylsulfanyl-methylene)-*N*-pentyl-3-oxo-butyramide）

^{1}H-NMR（500MHz, CDCl$_3$）：0.905（t, J_1=5, J_2=6.5, 3H, CH$_3$），1.338～1.352（m, 4H, CH$_2$），1.574（t, J_1=7, J_2=7.5, 2H,CH$_2$），2.392（s, 3H, COCH$_3$），2.430（s, 6H, SCH$_3$），3.338（q, 2H, N-CH$_2$），6.345（s, 1H, NH）；^{13}C-NMR（125MHz, CDCl$_3$）：13.97，18.19，22.30，28.90，29.11，29.88，39.93，54.99，139.17，152.94，165.10，197.23. ESI-MS：*m/z*=275.3[M+H]$^+$

1f：2-(二甲硫基)甲烯基-*N*-己基-3-氧代丁酰胺（2-(bis-methylsulfanyl-methylene)-*N*-hexyl-3-oxo-butyramide）

^{1}H-NMR（500MHz, CDCl$_3$）：0.888（t, J_1=6, J_2=7, 3H, CH$_3$），1.301～1.371（m, 6H, CH$_2$），1.567（t, J_1=7.5, J_2=7, 2H, CH$_2$），2.389（s, 3H, COCH$_3$），2.428（s, 6H, SCH$_3$），3.249～4.402（m, 2H, N-CH$_2$），6.349（s, 1H, NH）；^{13}C-NMR（125MHz, CDCl$_3$）：13.98，17.71，18.68，22.53，26.62，29.19，29.86，31.42，39.96，139.18，152.94，165.13，197.17. ESI-MS：*m/z*=290.3[M+H]$^+$

1g：2-(二甲硫基)甲烯基-*N*-苄基-3-氧代丁酰胺（2-(bis-methylsulfanyl-methylene)-*N*-benzyl-3-oxo-butyramide）

^{1}H-NMR（500MHz, CDCl$_3$）：2.359（s, 3H, COCH$_3$），2.389（s, 6H, SCH$_3$），4.527（d, *J*=6, 2H, N-CH$_2$-Ph），6.739（s, 1H, NH），7.277（s, 1H, Ph-H），7.325（s, 1H, Ph-H），7.335（s, 1H, Ph-H）；^{13}C-NMR（125MHz, CDCl$_3$）：13.97，18.27，29.88，44.01，127.59，127.99，127.99，128.68，128.68，137.70，138.62，154.03，165.22，196.80. ESI-MS：*m/z*=296.3[M+H]$^+$

2.2.4　本节小结

以二甲胺、二乙胺、正丙胺、异丁胺、正戊胺、正己胺、苄胺7种胺类为底物，通过"一锅法"合成了7种含氮、硫元素的多取代基α-羰基二硫缩烯酮化合物。优化得到最佳反应条件为：以DMF为溶剂，1倍摩尔量的双乙烯酮在10min内缓慢滴入1倍量的胺中，反应30min左右，加入1倍摩尔量的弱碱碳酸钾，活化30min，加入1.2倍二硫化碳反应1h，最后在5min内滴加2倍摩尔量碘甲烷，反应3h，收率在73.5%～91.0%。产物经过MS、^{1}H-NMR和[13]C-NMR的验证。

本研究在传统的合成各类α-羰基二硫缩烯酮的基础上，使用"一锅法"将合成乙酰乙酰胺的反应与合成α-羰基二硫缩烯酮的反应贯穿起来，在构建非环中间体的过程中，将含氮、硫元素的官能团接入。这种方法不仅简化了反应步骤，而且避免多步骤反应造成的中间体损耗。

2.3　含氮、硫多取代基反式芪类衍生物的合成

2.3.1　实验材料和仪器

1. 实验材料

试剂	规格	生产厂家
肉桂醛	98%	武汉远成共创科技有限公司
对甲氧基肉桂醛	98%	武汉远成共创科技有限公司
硝基甲烷	99%	北京百灵威科技有限公司
硝基乙烷	99%	北京奥凯德生物医药科技有限公司
硝基乙酸乙酯	99%	北京百灵威科技有限公司
1,8-二氮杂二环十一碳-7-烯（DBU）	98%	北京百灵威科技有限公司
氢氧化钠	分析纯	天津市大陆化学试剂厂
氢氧化钾	分析纯	天津市科密欧化学试剂有限公司
三乙胺	分析纯	天津市科密欧化学试剂有限公司
无水碳酸钾	分析纯	天津市科密欧化学试剂有限公司
氢化钠	分析纯	哈尔滨化工试剂厂
THF	分析纯	天津市巴斯夫化工贸易有限公司
二甲基亚砜（DMSO）	分析纯	天津市科密欧化学试剂有限公司
DMF	分析纯	天津市巴斯夫化工贸易有限公司
无水乙醇	分析纯	哈尔滨化工试剂厂
石油醚	分析纯	天津市科密欧化学试剂有限公司
乙酸乙酯	分析纯	天津市光复精细化工研究所
二氯甲烷	分析纯	北京化工厂
浓盐酸	36%～37%	北京化工厂
无水硫酸钠	分析纯	天津市天力化学试剂有限公司

2. 实验仪器

同2.2.1节中"2. 实验仪器"。

3. 分析测试条件和常规试剂处理

同2.2.1节中"3. 分析测试条件和常规试剂处理"。

2.3.2　实验方法

1. α-烯酰基二硫缩烯酮的制备

合成路线如图2-7所示。

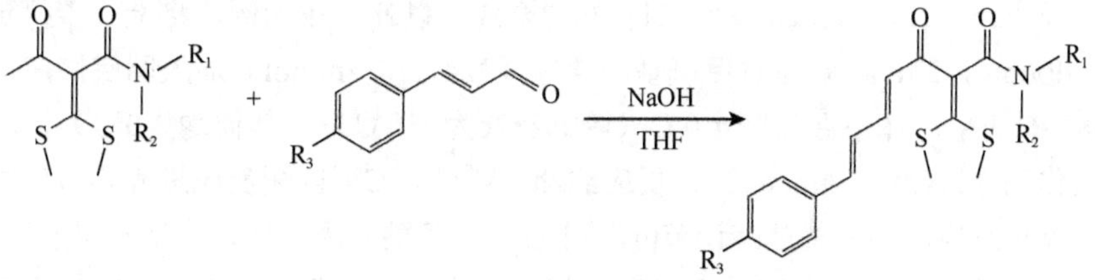

2a～2n

图2-7　α-烯酰基二硫缩烯酮中间体的制备

合成的中间体及其产率如表2-5所示。

表2-5　制得的α-烯酰基二硫缩烯酮中间体

序号	取代基			产物	时间（h）	收率（%）
	R_1	R_2	R_3			
1	CH_3	CH_3	H	2a	2	70.1
2	CH_3	CH_3	OMe	2b	2	72.4
3	CH_2CH_3	CH_2CH_3	H	2c	2	—
4	CH_2CH_3	CH_2CH_3	OMe	2d	2	57.3
5	$(CH_2)_2CH_3$	H	H	2e	2	68.0
6	$(CH_2)_2CH_3$	H	OMe	2f	2	61.3
7	$CH_2C(CH_3)_2$	H	H	2g	2	61.8
8	$CH_2C(CH_3)_2$	H	OMe	2h	2	73.9
9	$(CH_2)_4CH_3$	H	H	2i	2.5	68.3
10	$(CH_2)_4CH_3$	H	OMe	2j	2.5	70.3
11	$(CH_2)_5CH_3$	H	H	2k	3	—
12	$(CH_2)_5CH_3$	H	OMe	2l	3	76.7
13	$CH_2C_6H_5$	H	H	2m	3	77.2
14	$CH_2C_6H_5$	H	OMe	2n	3	78.5

实验步骤：化合物2a、2c、2e、2g、2i、2k和2m的合成：以2a合成为例，将上一步得到的产物1a（466mg，2mmol）与肉桂醛（264mg，2mmol）加入圆底烧瓶，溶解于30mL THF中，体系温度降至−10℃（除2a和2c为−10℃外，其他均为0℃），

然后加入氢氧化钠（160mg，4mmol），反应约2h，通过TLC板监测反应进程。待底物完全消失后停止反应，加入稀盐酸调节pH至中性，用乙酸乙酯萃取，水洗有机层3次，然后合并有机相，用无水硫酸钠干燥有机相。抽滤，减压蒸发浓缩至干。使用石油醚与乙酸乙酯进行梯度洗脱，硅胶柱层析分离纯化，得到产物。

　　化合物2b、2d、2f、2h、2j、2l和2n的合成：以2b合成为例，将上一步得到的产物1a（466mg，2mmol）与对甲氧基肉桂醛（324mg，2mmol）加入圆底烧瓶，溶解于30mL THF中，体系温度降至0℃（除2a和2c为−10℃外，其他均为0℃），然后加入氢氧化钠（160mg，4mmol），反应约2h，通过TLC板监测反应进程。待底物完全消失后停止反应，加入稀盐酸调节pH至中性，用乙酸乙酯萃取，水洗有机层3次，然后合并有机相，用无水硫酸钠干燥有机相。抽滤，减压蒸发浓缩至干。使用石油醚与乙酸乙酯进行梯度洗脱，硅胶柱层析分离纯化，得到产物。

2. [5+1]合成终产物芪类衍生物

　　合成路线如图2-8所示。

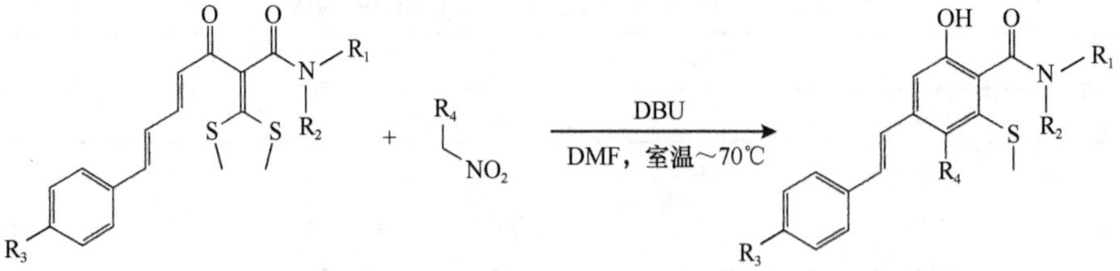

图2-8　通过[5+1]反应合成含氮、硫多取代基反式芪类衍生物

　　合成的芪类衍生物如表2-6所示。

表2-6　含氮、硫多取代基反式芪类衍生物终产物的合成

序号	硝基烷烃	取代基				产物	时间(h)	收率(%)
		R_1	R_2	R_3	R_4			
1	硝基乙烷	CH_3	CH_3	H	CH_2CH_3	3a	2	71.0
2	硝基乙烷	CH_3	CH_3	OMe	CH_2CH_3	3b	2	73.6
3	硝基乙烷	CH_2CH_3	CH_2CH_3	OMe	CH_2CH_3	3d	2	55.3
4	硝基乙烷	$(CH_2)_2CH_3$	H	H	CH_2CH_3	3e	2	63.9
5	硝基乙烷	$(CH_2)_2CH_3$	H	OMe	CH_2CH_3	3f	2	67.1
6	硝基乙烷	$CH_2C(CH_3)_2$	H	H	CH_2CH_3	3g	2	63.9
7	硝基乙烷	$CH_2C(CH_3)_2$	H	OMe	CH_2CH_3	3h	2	50.6
8	硝基乙烷	$(CH_2)_4CH_3$	H	H	CH_2CH_3	3i	2	48.1
9	硝基乙烷	$(CH_2)_4CH_3$	H	OMe	CH_2CH_3	3j	2	59.4

续表

序号	硝基烷烃	取代基				产物	时间(h)	收率(%)
		R_1	R_2	R_3	R_4			
10	硝基乙烷	$(CH_2)_5CH_3$	H	OMe	CH_2CH_3	3l	2	53.5
11	硝基乙烷	$CH_2C_6H_5$	H	H	CH_2CH_3	3m	2	60.7
12	硝基乙烷	$CH_2C_6H_5$	H	OMe	CH_2CH_3	3n	2	66.8
13	硝基丙烷	$(CH_2)_2CH_3$	H	OMe	CH_3	3o	3	—
14	硝基乙酸乙酯	$(CH_2)_2CH_3$	H	OMe	CH_2COOEt	3p	3	—

注：本章中所有[5+1]成环反应时间从升温后开始计算

实验步骤：化合物3a～3n的合成：以底物2a为例，将上一步产物2a（695mg，2mmol）溶解在20mL DMF中，室温下搅拌，加入硝基乙烷（429μL，6mmol），混合均匀后，再加入用THF稀释后的DBU（433μL，3mmol），反应30min后，将温度升至75℃反应1h，之后加入蒸馏水停止反应，使用乙酸乙酯萃取，水洗有机层3次，然后合并有机相，用无水硫酸钠干燥。抽滤，减压蒸发浓缩至干。使用石油醚与乙酸乙酯进行梯度洗脱，硅胶柱层析分离纯化，得到终产物。

化合物3o的合成：将上一步产物2a（695mg，2mmol）溶解在20mL DMF中，室温下搅拌，加入硝基丙烷（538μL，6mmol），混合均匀后，再加入用THF稀释后的DBU（433μL，3mmol），反应30min后，将温度升至75℃反应1h，之后加入蒸馏水停止反应，使用乙酸乙酯萃取，水洗有机层3次，然后合并有机相，用无水硫酸钠干燥。抽滤，减压蒸发浓缩至干。使用石油醚与乙酸乙酯进行梯度洗脱，硅胶柱层析分离纯化，得到终产物。

化合物3p的合成：将上一步产物2a（695mg，2mmol）溶解在20mL DMF中，室温下搅拌，加入硝基乙酸乙酯（665μL，6mmol），混合均匀后，再加入用THF稀释后的DBU（433μL，3mmol），反应30min后，将温度升至75℃反应1h，之后加入蒸馏水停止反应，使用乙酸乙酯萃取，水洗有机层3次，然后合并有机相，用无水硫酸钠干燥。抽滤，减压蒸发浓缩至干。使用石油醚与乙酸乙酯进行梯度洗脱，硅胶柱层析分离纯化，得到终产物。

2.3.3　结果与讨论

1. 产物的鉴定

对合成的中间体2a～2n进行MS鉴定，对终产物3a～3n进行MS、^{1}H-NMR及^{13}C-NMR的表征。以结构较为复杂的芪类衍生物终产物3l为例（图2-9），对其谱图表征结果进行分析。由MS谱图中可找到分子峰414。基本可以确定所合成化合物的分子量为413。与目标产物相符合。再结合核磁谱图对其结构进行分析。从

^{1}H-NMR中，可以根据峰的位移及其裂分程度，进行各个峰的归属。从低场强部分开始，0.908ppm的为6位甲基的3个H，因为5位亚甲基的影响，裂分为三重峰。在1.336~1.343ppm的多重峰为3位和4位亚甲基上的4个H，因为相互间影响裂分为多重峰。1.424ppm处为4位的亚甲基上2个H。1.658ppm处为2位的亚甲基上2个H。2.304ppm单峰为A环甲基上3个H，2.579ppm为A环甲硫基上3个H，3.485ppm为1位上亚甲基2个H，3.840ppm为B环上甲氧基的3个H。6.917ppm为8位碳碳双键H，7.134ppm为7位碳碳双键H，偶合常数为16Hz，满足反式构型的标准。6.903ppm和7.460ppm为B环上的H，6.937ppm为A环上的H。9.552ppm为N上的H，12.762ppm为羟基上的H。再对其^{13}C-NMR谱图进行分析。首先通过C峰的个数来确定C原子个数与目标化合物吻合。然后对各个峰进行归属。14.05ppm为苯环上甲基C，17.48ppm为6位甲基C，20.40ppm为甲硫基C，22.61~39.98ppm分别为酰胺碳链上的亚甲基C，55.37ppm为B环甲氧基C，114.21~142.09ppm大多为苯环上的C，128.16ppm为碳碳双键峰，170.02ppm羰基C。对其余化合物也进行解析，综合几种谱图的数据，基本能够确定与目标化合物结构吻合。

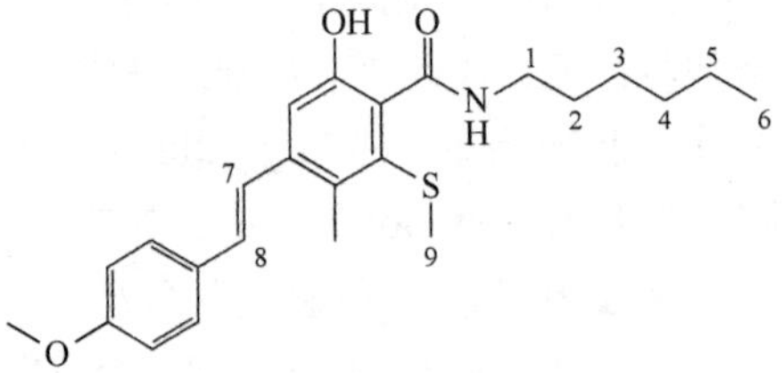

图2-9　化合物31结构图

2. 缩合反应碱催化体系的影响

碱性催化剂的选择对于克莱森缩合反应来说具有显著的影响。本研究以化合物2f的合成为例，进行了碱性条件的筛选，分别采用不同溶剂-催化剂体系，反应状况如表2-7所示。

表2-7　碱催化体系对合成α-烯酰基二硫缩烯酮与肉桂醛反应的影响

序号	碱性体系		时间（h）	收率（%）
	溶剂	催化剂及其用量（倍）		
1	乙醇	NaOH（2.0）	3	—
2	THF	三乙胺（2.0）	5	—
3	THF	K_2CO_3（2.0）	5	—
4	THF	NaH（2.0）	0.5	21.8
5	THF	KOH（2.0）	2	57.6
6	THF	NaOH（1.5）	2	60.7

续表

序号	碱性体系		时间（h）	收率（%）
	溶剂	催化剂及其用量（倍）		
7	THF	NaOH（2）	2	68.9
8	THF	NaOH（2.5）	2	61.3

　　克莱森缩合一般在乙醇-氢氧化钠体系中进行。然而遗憾的是，在反应过程中，体系极为复杂并且难以监测目标产物，收率极低，非常不利于下一步继续反应。分析其原因，可能是在该反应条件下，当烷硫基为甲基时，由于空间电子效应，很容易得到烷硫基分解的副产物1（图2-10）。这是该反应生成此主要副产物的原因之一。

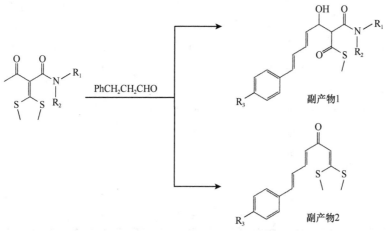

图2-10　克莱森缩合反应过程中产生的主要副产物

　　又将乙醇替换为THF，并分别选用三乙胺和制备的弱碱碳酸钾作为碱性催化剂，但是由于它们的碱性太弱反应未能发生。选用氢化钠作为碱性催化剂，目标产物的产率有很大提升，然而随着反应时间的延长，有大量的副反应发生，但是如果减短反应时间又会有原料剩余并且使得反应难以控制。造成这种情况的原因可能是由于双键和甲硫基在强碱环境下非常的不稳定。

　　最后选择氢氧化钾或氢氧化钠作为碱性催化剂，其反应条件比氢化钠更为温和。而在碱的用量方面，分别使用了1.5倍、2倍和2.5倍摩尔量的碱，结果发现，碱量较低，可以平稳得到缩合产物，但反应略慢，适当提高碱量可以提高反应速度，但碱量过高时，会得到脱酰胺基的副产物2，同时会造成硫烷基的分解（图2-10）。因此最终选取1倍量的碱性催化剂进行实验。

3. 缩合反应温度的影响

反应温度对克莱森缩合反应同样有明显的影响。一般来说，得到α-烯酰基二硫缩烯酮的反应需要的温度因反应不同而异。一般在室温或低温下进行，但也有很多需要加热的条件。针对本研究具体反应的特点，前步合成的α-羰基二硫缩烯酮取代基丰富，活性位点复杂，多容易产生副反应，加之肉桂醛和对甲氧基肉桂醛两种反应物本身就容易遇热变质，因此本研究以肉桂醛的为例，选取具有代表性的2b、2d、2f、2j、2n的合成来考察室温及低温下该缩合反应的状况（表2-8）。

表2-8　温度对α-烯酰基二硫缩烯酮合成的影响

序号	产物	温度（℃）	时间（h）	收率（%）
1	2b	−10	2	72.4
2	2b	0	1	53.0
3	2b	25	0.5	—
4	2d	−10	2	57.3
5	2d	0	1	38.6
6	2d	25	1	—
7	2f	0	2	61.3
8	2f	25	1	59.2
9	2j	0	2.5	70.3
10	2j	25	1	66.9
11	2n	0	3	78.5
12	2n	25	1	68.2

本研究选取了前文优化出的氢氧化钠和THF的体系，分别设置温度为−10℃、0℃及室温。结果发现，在室温时，除1a、1b的反应太过剧烈，其余大部分反应可以正常进行，但是由反应活性高，时间较快，难以把握底物彻底反应的时机，对于反应的控制比较困难，因此容易生成较多的副产物，给纯化过程带来困难，同时降低了产物收率。结果表明，只要温度不超过0℃，该反应就可以在控制范围内完成，在0℃时，所有反应都可以在1.5～3h内完成，并成功获取产品。将温度继续降低到零下并没有明显的变化，而处于经济性考虑，最终选择0℃作为反应温度，但对于反应过于剧烈的二甲胺和二乙胺，采用−10℃的冰盐浴进行反应。

4. 肉桂醛取代基的影响

通过实验结果发现，肉桂醛苯环上的取代基对反应的情况有一定影响。苯环上带有甲氧基的对甲氧基肉桂醛与不同α-羰基二硫缩烯酮的反应更容易发生，而不带取代基的肉桂醛，与不同底物反应的情况普遍没有带有取代基的对甲氧基肉桂醛好。分析其原因，可能是对甲氧基肉桂醛苯环上的甲氧基属于吸电子基，虽然苯环与醛基之间还有一个双键，距离较远，但是其吸电子作用仍然会对缩合过程有一定的影响。因为α-羰基二硫缩烯酮本身取代基丰富，活性位点多，反应又在强碱的条件下进行，对于没有取代基的肉桂醛来说，和其中几类底物的反应进程都很慢，反应体系复杂，副产物多，收率普遍不高。

5. 反应机理的推测

根据金彦（2013）对[5+1]成环反应在多酚合成方面的研究，本研究对其合成二苯乙烯骨架的机理进行了推测（图2-11）。硝基烷烃首先形成碳负离子，对α-烯酰基二硫缩烯酮2中的烯酮C＝C双键进行进攻，形成了2′的中间结构，在碱性环境中，紧接着经过分子内的加成-消除反应，碳负离子对二硫缩烯酮结构中的一个烷硫基团进行取代，形成了环己烯酮中间结构2″，最后再在加热条件下迅速脱去一个HNO_2形成具有芳环的结构3。

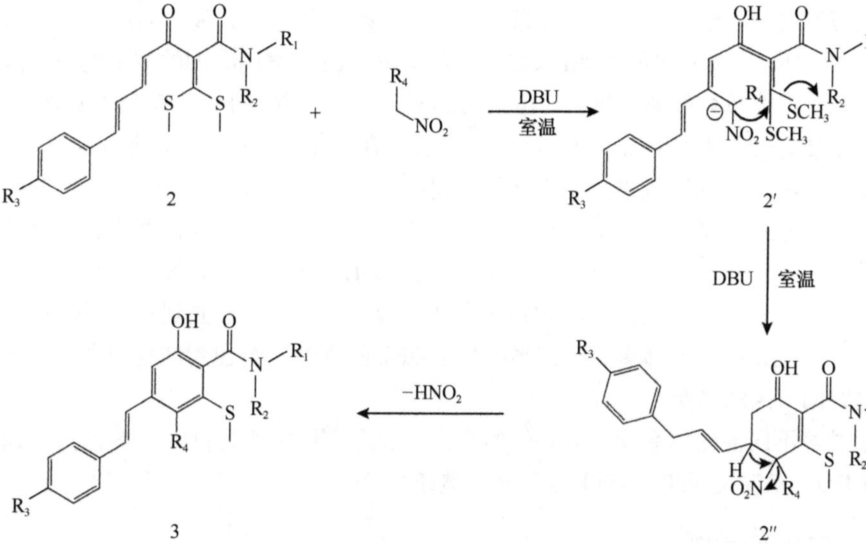

图2-11　[5+1]成环反应合成芪类衍生物的机理

6. 硝基烷烃的影响

在[5+1]成环反应中，1C合成子的选取非常关键：首先它必须包含活泼的亚甲基，这样才会与非环前体α-烯酰基二硫缩烯酮进行两步的迈克尔加成反应，形成六碳环的结构；另外，合成子中的活化基团在后续的β-消除反应中必须是良好的离去基团，从而提供一个不饱和度。因此，对于该芳构化反应，一般选取硝基烷烃，一是它是常用的迈克尔给体，弱碱条件下就可以与二硫缩烯酮发生加成反应，二是硝基是很好的离去基团，常常被用于烯烃的合成。

从实验结果看，小分子硝基化合物更宜于反应的进行。在室温下，经过DBU催化硝基乙烷与底物就能发生反应，反应体系颜色立刻加深，当温度升高至70℃后，通过TLC可逐渐观察到芪类特征蓝色荧光逐渐加深，说明硝基脱去，并开始构成芳环结构。而硝基丙烷和硝基乙酸乙酯以同样方法，在室温下并没有明显的变化，反应体系加热到70℃后才有现象变化。这可能由于它们有更大的空间位阻，其难与目标原料分子发生相接触反应，升高体系温度可以增加其分子的运动水平，因此可以触发反应。但是即使如此，硝基乙酸乙酯参与的反应体系十分复杂，反应3h后才能从TLC上观察到特征荧光，而产率极低，只有痕量的目标产物，而继续延长反应时间，生成的荧光物质反而开始分解，因此难以取得终产物进行进一步检测。

7. 碱性体系的影响

首先，本研究考察了不同碱性体系对[5+1]成环反应的影响。首先使用一些常用的碱性体系，包括NaH/DMSO、NaH/DMF、NaOH/EtOH、KOH/EtOH。通过TLC板监测反应发现体系十分复杂，有大量的副产物，推测是生成大量的环己烯酮结构，并未形成芳环。又使用弱碱体系K_2CO_3/DMF和DBU/DMF发现DBU的效果更好，体系更为单一，产物总体收率较高。而溶剂的选择，分别选取THF、CH_3CN和DMF，结果发现，溶剂极性越大反应状况越好。因此选择溶剂极性最大的DMF进行实验。

然后，对DBU的用量进行了优化，分别使用1~2倍摩尔量的DBU，结果发现，DBU用量较低时，通过TLC板监测，底物反应生成环己烯酮中间构型的速度更慢，并且升温后依然有环己烯酮中间体剩余。而增加DBU至1.5倍后，发现反应时间可缩短一半，并且当监测到大部分底物转化为环己烯酮结构时，升温到70℃后，反应较为彻底，几乎没有中间体剩余。但继续增加DBU的用量，会使副产物增多，且不宜于升温时间节点的选择。

通过对不同催化体系及反应条件的优化，确定最优条件为以DMF为溶剂，加入1.5倍DBU，室温反应30min后升温至70℃继续2~3h。

8. 化合物结构表征

3a：(*E*)-3-甲基-6-羟基-*N*,*N*-二甲基-2-甲硫基-4-苯乙烯基-苯甲酰胺（(*E*)-3-methyl-6-hydroxy-*N*,*N*-dimethyl-2-methylthio-4-styryl-benzamide）

^{1}H-NMR（500MHz, CDCl$_3$）：2.309（s, 3H, CH$_3$），2.493（s, 3H, SCH$_3$），2.911（s, 3H, CH$_3$），3.187（s, 3H, CH$_3$），6.840（d, *J*=12.5, 1H, CH=），6.950（s, 1H, Ph-H），7.199（d, *J*=12.5, 1H, Ph-H），7.278（s, 1H, OH），7.312（d, *J*=6, 1H, CH=），7.389（t, *J*=9, 2H, Ph-H），7.510（d, *J*=7.5, 2H, Ph-H）；^{13}C-NMR（125MHz, CDCl$_3$）：16.47，19.37，34.75，38.39，115.38，126.46，126.63，

126.63，127.86，128.74，128.74，128.74，129.56，131.20，131.75，132.37，138.72，150.89，170.21. ESI-MS：m/z=328.4[M+H]$^+$

3b：(*E*)-3-甲基-6-羟基-*N*,*N*-二甲基-2-甲硫基-4-(4-甲氧基苯乙烯基)-苯甲酰胺（(*E*)-3-methyl-6-hydroxy-*N*,*N*-dimethyl-2-methylthio-4-(4-methoxystyryl)-benzamide）

^{1}H-NMR（500MHz，CDCl$_3$）：2.282（s，3H，CH$_3$），2.463（s，3H，SCH$_3$），2.893（s，3H，CH$_3$），3.172（s，3H，CH$_3$），3.844（s，3H，OCH$_3$），6.750（s，1H，Ph-H），6.782（d，*J*=4.5，1H，CH=），6.878（d，*J*=6，2H，Ph-H），6.910（d，*J*=8.5，1H，CH=），7.435（d，*J*=8.5，2H，Ph-H），7.795（s，1H，OH）；^{13}C-NMR（125MHz，CDCl$_3$）：16.54，19.40，34.77，38.49，55.36，114.20，114.20，115.05，124.22，127.89，127.89，128.76，130.06，130.81，131.64，132.46，139.13，150.91，159.51，170.0. ESI-MS：m/z=358.5[M+H]$^+$

3d：*N*,*N*-二乙基-6-羟基-4-[2-(4-甲氧基苯基)-乙烯基]-3-甲基-2-甲硫基-苯甲酰胺（*N*,*N*-diethyl-6-hydroxy-4-[2-(4-methoxyphenyl)-vinyl]-3-methyl-2-methylsulfanyl-benzamide）

^{1}H-NMR（500MHz，CDCl$_3$）：1.073（t，*J*=7，3H，CH$_3$），1.293（t，*J*=7，3H，CH$_3$），2.292（s，3H，CH$_3$），2.460（s，3H，SCH$_3$），3.154（q，*J*=7.5，2H，CH$_2$），3.235（q，*J*=3.25，2H，CH$_2$），3.846（s，3H，OCH$_3$），6.749（d，*J*=8，1H，CH=），6.830（s，1H，Ph-H），6.905（d，2H，*J*=9，Ph-H），7.023（d，1H，CH=），7.426（d，2H，Ph-H），7.677（s，1H，OH）；^{13}C-NMR（125MHz，CDCl$_3$）：12.29，13.59，16.51，19.38，39.11，43.36，55.33，114.18，114.18，115.43，124.35，124.35，127.81，127.81，130.16，130.41，131.57，131.95，138.64，150.79，159.43，169.33. ESI-MS：m/z=386.5[M+H]$^+$

3e：6-羟基-3-甲基-2-甲硫基-*N*-丙基-4-苯乙烯基-苯甲酰胺（6-hydroxy-3-methyl-2-methylsulfanyl-*N*-propyl-4-styryl-benzamide）

^{1}H-NMR（500MHz，CDCl$_3$）：1.037（s，3H，CH$_3$），1.696（d，*J*=7.5，2H，CH$_2$），2.313（s，3H，CH$_3$），2.587（s，3H，SCH$_3$），3.472（d，*J*=6，2H，CH$_2$），6.994（d，H，*J*=16，CH=），7.203（s，H，Ph-H），7.259（s，1H，Ph-H），7.300（d，*J*=1.5，1H，CH=），7.378（t，*J*=7.5，2H，Ph-H），7.585（d，*J*=7.5，2H，Ph-H），9.550（s，1H，NH），12.775（s，1H，OH）；^{13}C-NMR（125MHz，CDCl$_3$）：11.79，17.48，20.38，22.42，41.72，116.40，116.40，126.40，126.87，128.23，128.23，128.78，128.78，131.27，133.03，133.23，136.99，141.79，160.62，170.02. ESI-MS：m/z=342.4[M+H]$^+$

3f：6-羟基-4-[2-(4-甲氧基苯基)-乙烯基]-3-甲基-2-甲硫基-*N*-丙基-苯甲酰胺（6-hydroxy-4-[2-(4-methoxyphenyl)-vinyl]-3-methyl-2-methylsulfanyl-*N*-propyl-benzamide）

^{1}H-NMR（500MHz, CDCl$_3$）：1.035（s, 3H, CH$_3$），1.695（q, J=3.75, 2H, CH$_2$），2.309（s, 3H, CH$_3$），2.580（s, 3H, SCH$_3$），3.470（q, J=2.5, 2H, CH$_2$），3.840（s, 3H, OCH$_3$），6.903（s, 1H, Ph-H），6.912（d, J=8.5, 1H, CH=），6.938（d, J=7.5, 1H, CH=），7.151（t, 2H, Ph-H），7.460（d, 2H, J=8.5, Ph-H），9.568（s, 1H, NH），12.803（s, 1H, OH）；^{13}C-NMR（125MHz, CDCl$_3$）：11.79, 17.46, 20.37, 22.42, 41.71, 55.36, 114.21, 114.21, 116.03, 116.08, 124.16, 128.16, 128.16, 129.81, 131.14, 132.55, 133.14, 142.10, 159.78, 160.65, 170.08. ESI-MS：m/z=372.5[M+H]$^+$

3g：6-羟基-*N*-异丁基-3-甲基-2-甲硫基-4-苯乙烯基-苯甲酰胺（6-hydroxy-*N*-isobutyl-3-methyl-2-methylsulfanyl-4-styryl-benzamide）

^{1}H-NMR（500MHz, CDCl$_3$）：1.031（d, J=6.5, 6H, CH$_3$），1.985（m, 1H, CH），2.313（s, 3H, CH$_3$），2.595（s, 3H, SCH3），3.348（t, J=5, 2H, CH$_2$），6.980（s, 1H, Ph-H），7.012（s, 1H, OH），7.208（s, 1H, Ph-H），7.260（d, J=1.5, 1H, CH=），7.298（d, J=9, 1H, CH=），7.378（t, J=7.5, 2H, Ph-H），7.519（d, J=9, 2H, Ph-H），9.595（s, 1H, NH）；^{13}C-NMR（125MHz, CDCl$_3$）：17.43, 20.40, 20.47, 20.47, 28.27, 47.55, 116.47, 116.54, 126.42, 126.85, 126.85, 128.21, 128.76, 128.76, 131.31, 133.07, 133.15, 137.02, 141.85, 160.73, 170.13. ESI-MS：m/z=356.4[M+H]$^+$

3h：6-羟基-*N*-异丁基-4-[2-(4-甲氧基苯基)-乙烯基]-3-甲基-2-甲硫基-苯甲酰胺（6-hydroxy-*N*-isobutyl-4-[2-(4-methoxyphenyl)-vinyl]-3-methyl-2-methylsulfanyl-benzamide）

^{1}H-NMR（500MHz, CDCl$_3$）：1.030（d, J=6.5, 6H, CH$_3$），1.956（m, J=7, 1H, CH），2.309（s, 3H, CH$_3$），2.589（s, 3H, SCH$_3$），3.346（t, J=6, 2H, CH$_2$），3.841（s, 3H, OCH$_3$），6.904（s, 1H, Ph-H），6.931（d, J=4.5, 2H, Ph-H），6.973（s, 1H, CH=），7.262（s, 1H, CH=），7.462（d, J=8.5, 2H, Ph-H），9.628（s, 1H, NH），12.890（s, 1H, OH）；^{13}C-NMR（125MHz, CDCl$_3$）：17.43, 20.46, 28.23, 28.23, 47.49, 55.33, 114.16, 114.16, 115.97, 116.14, 124.10, 128.13, 128.13, 129.75, 131.18, 132.53, 133.02, 142.10, 159.73, 160.70, 170.14. ESI-MS：m/z=386.5[M+H]$^+$

3i：6-羟基-3-甲基-2-甲硫基-*N*-戊基-4-苯乙烯基-苯甲酰胺（6-hydroxy-3-methyl-2-methylsulfanyl-*N*-pentyl-4-styryl-benzamide）

^{1}H-NMR（500MHz）：0.936（s, 3H, CH$_3$），1.390~1.403（m, 4H, CH$_2$），1.574（m, 2H, CH$_2$），2.302（s, 3H, CH$_3$），2.576（s, 3H, CH$_3$），3.488（t, J=6, 2H, CH$_2$），6.903（d, J=8.5, 2H, Ph-H），6.949（d, J=16, 1H, CH=），6.963（s, 1H,

Ph-H), 7.149 (t, J=22, 2H, Ph-H), 7.255 (s, 1H, Ph-H), 7.452 (d, J=11.5, 1H, CH=), 9.797 (s, 1H, NH), 12.536 (s, 1H, OH); ^{13}C-NMR (500MHz): 14.06, 17.42, 20.36, 22.38, 28.72, 29.47, 39.84, 114.12, 114.12, 116.09, 124.23, 128.18, 128.18, 128.18, 129.83, 131.12, 132.18, 133.93, 142.11, 159.75, 160.69, 170.06. ESI-MS: m/z=370.1[M+H]$^+$

3j: 6-羟基-4-[2-(4-甲氧基苯基)-乙烯基]-3-甲基-2-甲硫基-N-戊基-苯甲酰胺 (6-hydroxy-4-[2-(4-methoxyphenyl)-vinyl]-3-methyl-2-methylsulfanyl-N-pentyl-benzamide)

^{1}H-NMR (500MHz): 0.932 (s, 3H, CH$_3$), 1.393~1.400 (m, 4H, CH$_2$), 1.574 (m, 2H, CH$_2$), 2.302 (s, 3H, Ph-CH$_3$), 2.576 (s, 3H, CH$_3$), 3.488 (t, J=6, 2H, N-CH$_2$), 3.834 (s, 3H, OCH$_3$), 6.906 (d, J=9, 2H, Ph-H), 6.948 (d, J=16, 1H, CH=), 6.964 (s, 1H, Ph-H), 7.146 (t, J=7.5, 2H, Ph-H), 7.258 (s, 1H, Ph-H), 7.453 (d, J=8.5, 1H, CH=), 9.536 (s, 1H, NH), 12.797 (s, 1H, OH); ^{13}C-NMR (500MHz): 14.02, 17.46, 20.38, 22.36, 28.77, 29.42, 39.94, 55.36, 114.22, 114.22, 116.09, 124.18, 128.16, 128.16, 128.16, 129.83, 131.12, 132.56, 133.13, 142.1, 159.79, 160.65, 170.03. ESI-MS: m/z=400.5[M+H]$^+$

3l: N-己基-6-羟基-4-[2-(4-甲氧基苯基)-乙烯基]-3-甲基-2-甲硫基-苯甲酰胺 (N-hexyl-6-hydroxy-4-[2-(4-methoxyphenyl)-vinyl]-3-methyl-2-methylsulfanyl-benzamide)

^{1}H-NMR (500MHz, CDCl$_3$): 0.908 (t, J=6, 3H, CH$_3$), 1.336~1.343 (m, 4H, CH$_2$), 1.424 (m, 2H, CH$_2$), 1.658 (m, 2H, CH$_2$), 2.304 (s, 3H, CH$_3$), 2.579 (s, 3H, SCH$_3$), 3.485 (q, J=7, 2H, CH$_2$), 3.84 (s, 3H, OCH$_3$), 6.903 (d, J=1.5, 2H, Ph-H), 6.917 (d, J=1.5, 1H, CH=), 6.937 (s, 1H, Ph-H), 7.134 (d, J=16, 1H, CH=), 7.460 (t, J=4, 2H, Ph-H), 9.552 (t, J=4.5, 1H, NH), 12.762 (s, 1H, OH); ^{13}C-NMR (125MHz, CDCl$_3$): 14.05, 17.48, 20.40, 22.61, 26.95, 29.06, 31.48, 39.98, 55.37, 114.21, 114.21, 116.01, 116.08, 124.16, 128.16, 128.16, 129.81, 131.13, 132.55, 133.13, 142.09, 159.77, 160.65, 170.02. ESI-MS: m/z=414.3[M+H]$^+$

3m: N-苄基-6-羟基-3-甲基-2-甲硫基-4-苯乙烯基-苯甲酰胺 (N-benzyl-6-hydroxy-3-methyl-2-methylsulfanyl-4-styryl-benzamide)

^{1}H-NMR (500MHz, CDCl$_3$): 2.190 (s, 3H, CH$_3$), 2.567 (s, 3H, SCH$_3$), 4.695 (d, J=5.5, 2H, CH$_2$), 6.980 (s, 1H, Ph-H), 7.010 (d, J=2, 1H, CH=), 7.216 (s, 1H, Ph-H), 7.252 (d, J=4.5, 1H, CH=), 7.284 (s, 1H, Ph-H), 7.375 (m, J=25, 6H, Ph-H), 7.515 (d, J=7, 2H, Ph-H), 9.941 (s, 1H, NH), 12.751 (s,

1H, OH）；^{13}C-NMR（125MHz, CDCl$_3$）：17.48，20.40，44.03，116.13，116.49，126.35，126.89，127.70，127.70,127.94，128.28，128.28，128.79,128.79，128.85，128.85，131.47，133.16，133.34，136.95，137.53，142.04，160.80，170.01. ESI-MS：m/z=390.4[M+H]$^+$

3n：*N*-苄基-6-羟基-4-[2-(4-甲氧基苯基)-乙烯基]-3-甲基-2-甲硫基-苯甲酰胺（*N*-benzyl-6-hydroxy-4-[2-(4-methoxyphenyl)-vinyl]-3-methyl-2-methylsulfanyl-benzamide）

^{1}H-NMR（500MHz, CDCl$_3$）：2.188（s, 3H, CH$_3$），2.561（s, 3H, SCH$_3$），3.835（s, 3H, OCH$_3$），4.693（d, *J*=5.5, 2H, CH$_2$），6.908（d, *J*=9, 2H, Ph-H），6.941（s, 1H, CH=），6.973（s, 1H, Ph-H），7.110（s, H, CH=），7.142（s, H, Ph-H），7.198（s, 2H, Ph-H），7.256（s, 2H, Ph-H），7.305（t, 1H, Ph-H），7.361（d, *J*=7.5, 2H, Ph-H），7.390（d, *J*=8, 2H, Ph-H），7.455（d, 2H, Ph-H），9.954（s, 1H, NH）；^{13}C-NMR（125MHz, CDCl$_3$）：17.47，20.39，44.01，55.37，114.22，114.22，115.78，116.15，124.09，127.68，127.92，127.92，128.19，128.19，128.83，128.83，129.77，131.34，132.68，133.26，137.58，142.34，159.81，160.81，170.07. ESI-MS：m/z=420.5[M+H]$^+$

2.3.4　本节小结

本节中以前一步得到的α-羰基二硫缩烯酮为合成底物，分别进行了α位烯酰基化的反应，并通过关键性[5+1]成环反应得到了12个芪类终产物，具体研究结果如下。

（1）通过克莱森缩合反应，将上一步得到二硫缩烯酮的中间体分别与肉桂醛和对甲氧基肉桂醛进行了反应，得到了12个系列α位烯酰基化的中间体产物。对该步骤的反应条件进行优化，确立最佳条件为：1倍摩尔量的α-羰基二硫缩烯酮底物，加入等摩尔量的肉桂醛或对甲氧基肉桂醛，加入2倍摩尔量的氢氧化钠，在THF溶剂中，0℃或−10℃反应2～3h，收率达到57.1%～78.5%。

（2）通过[5+1]成环反应将α位烯酰基化的中间体与硝基烷烃进行了反应，得到了12种新的反式芪类衍生物，优化其反应条件为：1倍摩尔量的α-烯酰基二硫缩烯酮，加入1.5倍的硝基乙烷，溶于DMF中，加入3倍的DBU为催化剂，室温下反应30min，升温至70～75℃，反应2～5h，收率达到48.1%～73.6%。合成得到的新型反式芪类衍生物均经过MS、^{1}H-NMR和^{13}C-NMR的验证。

2.4　本章小结

芪类化合物是一类以二苯乙烯为母核的具有广泛生理活性的化合物，近年来关于芪类化合物的研究发展较快。天然来源的芪类成分原料资源有限并且含量低，因此采用有机合成的手段来获得各种芪类化合物已成为解决天然芪类成分紧缺的重要手段，同时还可以通过结构上取代基的改变来增强芪类化合物原有的各类生理活性。传统的合成芪类的方法总体上是将现有的已经修饰好的两个苯环进行对接，从而形成二苯乙烯的结构。本研究则是从构建苯环角度，进行多取代芪类衍生物全新合成途径的研究。本研究在国内外对于α-羰基二硫缩烯酮研究的基础上，建立了一种全新的通过二硫缩烯酮的[5+1]芳构化反应来得到芪类衍生物的合成路线，并通过此路线获得含有氮元素、硫元素的具有羟基、甲氧基、烷基、酰胺基等多取代类型的全新芪类衍生物。本章主要研究内容和结果如下。

建立了全新芪类衍生物合成路线。本研究合成路线主要包括三个反应步骤：首先合成α-羰基二硫缩烯酮非环体系中间体，创新性地使用"一锅法"将乙酰乙酰胺的制备与α-羰基二硫缩烯酮主体构建的反应合为一步，制备出7个中间体化合物；然后将前一步得到的底物分别与肉桂醛等进行克莱森缩合反应，得到12个α-烯酰基二硫缩烯酮过渡中间体；最后是关键性[5+1]成环反应，利用二硫缩烯酮非环体系作为5C合成子，以硝基烷烃为1C合成子，通过环合得到12个全新芪类衍生物，并将产物进行了MS、^{1}H-NMR和^{13}C-NMR的鉴定。

参 考 文 献

陈卫琼, 杨慧龄. 2008. 白藜芦醇抗肿瘤作用机制的研究进展. 国际病理科学与临床杂志, 28(5): 403-407.

付元庆, 李铎. 2014. 白藜芦醇. 营养学报, 36(1): 13-16.

黄卫文, 李忠海, 黎继烈, 等. 2010. 白藜芦醇的合成研究进展. 中南林业科技大学学报, 30(10): 72-77.

金彦. 2013. [5+1]成环反应合成新型反式芪类衍生物及其抗肿瘤活性研究. 东北林业大学硕士学位论文.

李晓霞, 晏日安, 段翰英. 2011. 白皮杉醇的合成. 精细化工, 28(5): 475-478.

刘华臣, 董爱君, 高春梅, 等. 2009. 白藜芦醇结构修饰及药理活性. 化学进展, 21(7): 1500-1506.

龙苏华, 罗世能, 谢敏浩, 等. 2008. 几种新的芪类化合物的合成研究. 化学试剂, 30(5): 331-334.

孟旭辉, 张评浒, 张朝凤. 2010. 芪类化合物及其合成酶的研究进展. 中国野生植物资源, 29(3): 15-20.

王永久, 宫珍卿, 程焱. 2012. 白藜芦醇在脑缺血中的神经保护作用. 国际脑血管病杂志, 20(7): 542-546.

闫起强, 刘蕴秀, 李志强, 等. 2011. 白藜芦醇的合成. 化学试剂, 33(9): 852-854.

赵艳敏, 郭燕, 尚冀宁. 2015. 芪类化合物的分布和生理活性. 化工科技, 23(1): 77-80.

朱玉松, 罗世能, 沈永嘉, 等. 2006. 白藜芦醇类似物的合成. 有机化学, 26(7): 958-962.

Aggarwal BB, Bhardwaj A, Aggarwal RS, et al. 2004. Role of resveratrol in prevention and therapy of cancer: Preclinical and clinical studies. Anticancer Research, 24(5A): 2783-2840.

Andrus MB, Liu J, Meredith EL, et al. 2003. Synthesis of resveratrol using a direct decarbonylative Heck approach from resorcylic acid. Tetrahedron Letters, 44(26): 4819-4822.

Belofsky G, Percivill D, Lewis K, et al. 2004. Phenolic metabolites of *Dalea versicolor* that enhance antibiotic activity against model pathogenic bacteria. Journal of Natural Products, 67(3): 481-484.

Bezier D, Sortais JB, Darcel C. 2013. *N*‐heterocyclic carbene ligands and iron: An effective association for catalysis. Advanced Synthesis & Catalysis, 355(1): 19-33.

Botella L, Nájera C. 2004. Synthesis of methylated resveratrol and analogues by Heck reactions in organic and aqueous solvents. Tetrahedron, 60(26): 5563-5570.

Chen YP, Lei TK. 2000. Graphical synthetic routes of resveratrol. Chinese Journal of Pharmaceuticals, 31(7): 334-336.

Corriu RJP, Masse JP. 1972. Activation of Grignard reagents by transition-metal complexes. A new and simple synthesis of *trans*-stilbenes and polyphenyls. Journal of the Chemical Society, Chemical Communications, (3): 144a.

Cottart CH, Nivet-Antoine V, Beaudeux JL. 2014. Review of recent data on the metabolism, biological effects, and toxicity of resveratrol in humans. Molecular Nutrition & Food Research, 58(1): 7-21.

Delmas D, Jannin B, Latruffe N. 2005. Resveratrol: Preventing properties against vascular alterations and ageing. Molecular Nutrition & Food Research, 49(5): 377-395.

Dhyani MV, Kameswaran M, Korde AG, et al. 2011. Stereoselective synthesis of an iodinated resveratrol analog: Preliminary bioevaluation studies of the radioiodinated species. Applied Radiation and Isotopes, 69(7): 996-1001.

Dohle W, Kopp F, Cahiez G, et al. 2001. Fe(III)-catalyzed cross-coupling between functionalized arylmagnesium compounds and alkenyl halides. Synlett, 2001(12): 1901-1904.

Eddarir S, Cotelle N, Bakkour Y, et al. 2003. An efficient synthesis of chalcones based on the Suzuki reaction. ChemInform, 44(28): 5359-5363.

Guiso M, Marra C, Farina A. 2002. A new efficient resveratrol synthesis. Tetrahedron Letters, 43(4): 597-598.

Inamori Y, Kubo M, Kato Y, et al. 1984. The antifungal activity of stilbene derivative. Chemical and Pharmaceutical Bulletin, 32(2): 801-804.

Jang M, Pezzuto JM. 1999. Cancer chemopreventive activity of resveratrol. Drugs Under Experimental and Clinical Research, 25(2-3): 65-77.

Kim HJ, Saleem M, Seo SH, et al. 2005. Two new antioxidant stilbene dimers, parthenostilbenins A and B from *Parthenocissus tricuspidata*. Planta Medica, 71(10): 973-976.

Kopp P. 1998. Resveratrol, a phytoestrogen found in red wine. A possible explanation for the conundrum of the 'French paradox'? European Journal of Endocrinology, 138(6): 619-620.

Lee HS, Lee BW, Kim MR, et al. 2010. Syntheses of resveratrol and its hydroxylated derivatives as radical scavenger and tyrosinase inhibitor. Bulletin of the Korean Chemical Society, 31(4): 971-975.

Lonsky L, Lonsky W, Kratzl K, et al. 1976. Synthesis and reactions of hydroxylated stilbenes and their possible occurrence as chromophore precursor structures in lignin. Monatshefte für Chemie/Chemical Monthly, 107(3): 685-695.

McMurry JE. 1989. Carbonyl-coupling reactions using low-valent titanium. Chemical Reviews, 89(7): 1513-1524.

Miyaura N, Suzuki A. 1979. Stereoselective synthesis of arylated (*E*)-alkenes by the reaction of alk-1-enylboranes with aryl halides in the presence of palladium catalyst. Journal of the Chemical Society, Chemical Communications, (19): 866-867.

Rivière C, Pawlus AD, Mérillon JM. 2012. Natural stilbenoids: Distribution in the plant kingdom and chemotaxonomic interest in Vitaceae. Natural Product Reports, 29(11): 1317-1333.

Shen T, Wang XN, Lou HX. 2009. Natural stilbenes: An overview. Natural Product Reports, 26(7): 916-935.

Sinha AK, Kumar V, Sharma A, et al. 2007. An unusual, mild and convenient one-pot two-step access to (*E*)-stilbenes from hydroxy-substituted benzaldehydes and phenylacetic acids under microwave activation: A new facet of the classical Perkin reaction. Tetrahedron, 63(45): 11070-11077.

Šmidrkal J, Harmatha J, Buděšínský M, et al. 2010. Modified approach for preparing (*E*)-stilbenes related to resveratrol, and evaluation of their potential immunobiological effects. Collection of Czechoslovak Chemical Communications, 75(2): 175-186.

Solladié G, Pasturel-Jacopé Y, Maignan J. 2003. A re-investigation of resveratrol synthesis by Perkins reaction. Application to the Synthesis of Aryl Cinnamic Acids. Tetrahedron, 59(18): 3315-3321.

Stuhr-Hansen N. 2005. Utilization of microwave heating in the McMurry reaction for facile coupling of aldehydes and ketones to give alkenes. Tetrahedron Letters, 46(33): 5491-5494.

Ulrich S, Wolter F, Stein JM. 2005. Molecular mechanisms of the chemopreventive effects of resveratrol and its analogs in carcinogenesis. Molecular Nutrition & Food Research, 49(5): 452-461.

Wehrli C. 2012. Process for the preparation of resveratrol. EP 2468706,2012 [Chem.Abstr.2012,157,104501].

Wu CF, Yang JY, Wang F, et al. 2013. Resveratrol: Botanical origin, pharmacological activity and applications. Chinese Journal of Natural Medicines, 11(1): 1-15.

Xi Z, Liu B, Chen W. 2008. Room-temperature Kumada cross-coupling of unactivated aryl chlorides catalyzed by N-heterocylic carbene-based nickel (Ⅱ) complexes. The Journal of Organic Chemistry, 73(10): 3954-3957.

第3章 木豆黄酮生物转化结构修饰

3.1 引 言

木豆活性成分多数为黄酮类化合物，而黄酮类化合物是一类活泼的化合物，结构上存在多个羟基，且环境相似，故采用化学方法直接修饰时区域选择性差，易产生大量的副产物且分离困难；若采用基团保护及脱保护等措施，则存在步骤繁多、耗时长、引入试剂多、环境不友好等缺点。人们采用物理药剂学的方法在一定程度上能够改善黄酮类化合物的药物动力学性质，但不能从根本上改变黄酮类化合物的理化性质及生理活性。而利用生物转化的方法对黄酮类化合物进行结构修饰可有效地克服以上缺点（赖剑峰等，2013）。生物转化是指利用生物体系对外源底物进行特异性结构修饰（Lavado and Schlenk，2011；Ma et al.，2010），以获得有价值产物的化学反应过程，实质是利用生物体系本身所产生的酶对外源性化合物进行酶催化反应。生物转化具有优良的化学选择性、区域选择性和立体选择性，反应底物不需要基团保护，反应条件温和，转化率高，副产物少，并且无毒、无污染、能耗低，能够进行传统有机合成难以进行的化学反应。生物转化可用于开发中药新药，改善中药有效成分的溶解性和稳定性，降低毒副作用，增加中药产品的附加值和研究药物代谢的机制等（张羽飞等，2005）。

随着现代细胞工程、酶工程、微生物工程等生物科技的发展，生物转化技术在黄酮类化合物中的应用研究趋热。通过动物组织培养、植物组织培养、微生物及生物酶等体系对外源性化合物进行结构修饰，从而转化生成新化合物，提高具有药用活性的黄酮类成分含量。Hye等（2009）以糖基转移酶与蔗糖合成酶的融合蛋白对槲皮素进行生物转化，得到槲皮素-7,3-二-O-葡萄糖苷。王园园等（2005）采用 *Streptomyces griseus* ATCC 13273菌株对不同黄酮类化合物进行转化研究，该菌株不仅可以产生L-鼠李糖酶和β-D-葡萄糖苷酶还可以产生甲基转移酶，高效转化出了黄芩素6位的甲氧基。Vitali等（1998）从长穗决明（*Cassia didymobotrya* Fresen.）细胞悬浮培养物中获取酸性过氧化物酶，将其分离纯化后，能催化4,3',4'-三羟基查耳酮和4,3',4'-三羟基-3-甲氧基查耳酮，转化成相应的二氢黄酮类化合物。刘萍等（2006）报道沙棘黄酮糖苷经过α-鼠李糖苷酶、β-葡萄糖苷酶、木聚糖酶、纤维素酶、果胶酶、α-淀粉酶组成的复合酶预处理后，再用柚苷酶水解可获得高含量的黄酮苷元，转化率达85%以上，显著提高了苷元型沙棘黄酮的含量，从而很大地提高了沙棘黄酮类物质的生物活性及生物利用率。

生物转化是创制新型药物的重要手段，也是新型药物研究中的一个有效工具。

因此，用生物转化技术生产药物组分成为当今生物技术研究的热点课题。利用生物转化技术不仅可以改善木豆黄酮类化合物中一部分有效成分水溶性不好、稳定性差、生物利用度低和毒副作用太强等缺点，也能用于复杂天然药物的筛选和研制，是形成具有自主知识产权、发掘新的天然高效活性先导化合物的重要途径，同时有利于加深对木豆黄酮类化合物作用机制的认识。

3.2　固定化酶转化木豆根中染料木素的研究

生物转化具有很多优势：温和的反应条件（pH和温度）、催化剂活性高且可生物降解（Sheldon and Rantwijk，2004）。典型的β-葡萄糖苷酶具有很强的生物催化能力，可以破坏葡萄糖苷中的β-1,4-糖苷键。它也被用来转化植物中的黄酮类化合物。黄酮中存在许多酚羟基，由于氢键相互作用其与纤维素、半纤维素和果胶作为复合物而组合。氢键间的相互作用可以被β-葡萄糖苷酶和果胶酶破坏，然后可以获得更多的游离黄酮。然而，由于β-葡萄糖苷酶的价格昂贵，长期运行稳定性较差，恢复困难，再利用效率低，使得其难以被工业生产（Sheldon，2007；Paolo et al.，1999）。因此，寻找一种β-葡萄糖苷酶的固定化方法是很有必要的。固定化形成的酶有许多优点，除了能更方便地处理酶之外，还能与产品轻松分离，有助于高效回收和重新使用昂贵的酶（Sheldon，2007；Wang et al.，2011）。其另外的好处是在储存和操作条件下，通过热变性或有机溶剂变性或通过自溶可以增强稳定性。

本研究提出了β-葡萄糖苷酶的固定化方法，并首次将其应用于染料木苷与染料木素的转化。固定化β-葡萄糖苷酶具有更好的稳定性和更高的可重复利用性。另外，还通过DPPH自由基清除实验评估了染料木苷，染料木素和经过转化与未经过转化的提取物的抗氧化活性。确定了固定化β-葡萄糖苷酶具有良好的稳定性和宽泛的使用环境（pH和温度）及高效的转化率，适合用于天然产生物转化的大规模应用。

3.2.1　实验材料和仪器

1. 实验材料

试剂	规格	生产厂家
染料木素（≥98%）	分析纯	瑞士Fluka公司
染料木苷（≥98%）	分析纯	瑞士Fluka公司
β-葡萄糖苷酶（≥47U/mg）	分析纯	上海伟业科技有限公司
海藻酸钠	分析纯	天津博迪化工股份有限公司
丙烯酰胺	98%	上海伟业科技有限公司
甲醇	色谱纯	北京百灵威科技有限公司
甲酸（96%）	分析纯	美国DIMA Technology公司

DPPH	分析纯	美国Sigma公司
抗坏血酸	分析纯	美国Sigma公司
乙醇	分析纯	天津市科密欧化学试剂有限公司
去离子水	分析纯	美国Millipore公司

2. 实验仪器

仪器	型号	生产厂家
高效液相色谱仪	Waters 600	美国 Waters 公司
泵	Waters Delta 600	美国 Waters 公司
二极管阵列检测器	Waters 2996	美国 Waters 公司
系统软件	Millennium 32	美国 Waters 公司
反相色谱柱	HIQ Sil C$_{18}$V	日本 Kya Tech 公司
超纯水系统	Milli-Q	美国 Millipore 公司
高速离心机	22R	德国 Heraeus Sepatech 公司
数控超声机	KQ-250DB	昆山市超声仪器有限公司
分光光度计	UV-2100	美国 UNICO 公司
电子天平	AB104	瑞士 Mettler-Toledo 公司
烘干箱	WK891	重庆四达实验仪器厂
旋转蒸发仪	RE-52AA	上海青浦沪西仪器厂
粉碎机	HX-200A	永康市溪岸五金药具厂

3.2.2　实验方法

1. β-葡萄糖苷酶的固定化

1）直接包埋

将5mL β-葡萄糖苷酶溶液（1mg/mL）与15mL 3.0%海藻酸钠溶液混合，然后将混合物充分搅拌30min以确保完全混合。用注射器将混合液滴加到2.0%的CaCl$_2$溶液中，形成藻酸盐珠子。通过真空过滤将珠子与CaCl$_2$溶液分离，并用新的2.0% CaCl$_2$溶液固化1h。再次分离珠子并用50mmol/L柠檬酸钠缓冲液（pH 5.0）在过滤器上洗涤2次。

2）包埋-交联

将珠子与0.025%戊二醛交联2.5h，然后分离并用50mmol/L柠檬酸钠缓冲液（pH 5.0）在过滤器上洗涤2次。

3）交联-包埋

将5mL β-葡萄糖苷酶溶液（1mg/mL）与15mL 3.0%海藻酸钠溶液混合，然后将混合物充分搅拌30min以确保完全混合。完全混合后，加入2.5mL 2.5%戊二醛，然后将该混合物在振荡器上振荡30min，并交联3.0h。

2. β-葡萄糖苷酶活性的测定

将0.1mL样品与1mL 5mmol/L的4-硝基苯基-β-D-吡喃葡萄糖苷在50mmol/L柠檬酸钠缓冲液（pH 4.8）中混合并于50℃下保持10min。加入2mL 1mol/L的$NaCO_3$溶液，然后加入10mL水终止反应，并在400nm波长下测量吸光度。在空白溶液中，使用0.1mL的水代替酶样品。在测定条件下，将酶活性定义为每分钟产生的对硝基苯酚毫摩尔量。酶的浓度以U/mL计算。实验平行3次，取平均值。

3. 酶处理木豆根提取物

准确量取游离和固定化的β-葡萄糖苷酶（10~30U），分别加入100mL木豆根提取物溶液中，并用0.1mol/L的HCl溶液调节至一定的pH（3.0~7.0），并在一定温度（20~70℃）下摇动一段时间（0.5~3h）。培养后，通过滤纸过滤培养溶液。收集溶液并在50℃下浓缩至干。加入色谱级甲醇，得到适用于高效液相色谱（HPLC）分析浓度的样品。

4. 染料木素和染料木苷的测定

色谱分离在HIQ Sil C_{18}V反相柱（内径250mm×4.6mm，5μm）上进行。流动相为甲醇∶水∶甲酸（35∶64.935∶0.065，$V/V/V$），并在使用前通过0.45μm的膜滤器。证实了波长260nm的染料木素和波长310nm的染料木苷并用于反相高效液相色谱（RP-HPLC）定量。流速为1mL/min，注射体积为10μL，柱温设定在30℃。通过比较分析物与参考化合物的保留时间和紫外光谱，确认了分析物的色谱峰。采用8个实验点建立校准曲线。染料木素和染料木苷的回归线分别为$Y=51.647X+228.53$（$R^2=0.9998$，$n=8$）、$Y=22.855X+8.19$（$R^2=0.9995$，$n=8$），其中Y是分析物的峰面积，X是分析物的浓度（mg/mL）。

5. 固定化酶的稳定性和可重复利用性

1）稳定性实验

游离和固定化的β-葡萄糖苷酶的储存稳定性通过计算长时间储存后的残留活性来测量。0.1mg/mL游离的β-葡萄糖苷酶溶液在50mmol/L柠檬酸钠缓冲液（pH 7.0）中储存，固定化的β-葡萄糖苷酶在4℃下储存。

2）可重复利用性实验

以一定的时间间隔（一周）测定酶活性。通过使用间歇式搅拌反应器测定固定化β-葡萄糖苷酶的可重复利用性。将固定化β-葡萄糖苷酶和木豆根提取物按30∶100（U/mL）注入反应器中，在50℃下培养2h。每次反应结束后，除去固定化的β-葡萄糖苷酶并用柠檬酸钠缓冲液（pH 7.0）洗涤以除去残留的底物。然后将其重新引入新鲜的反应介质中，并在最佳条件下测定酶活性。

6. DPPH自由基清除实验

DPPH自由基清除能力是基于DPPH在乙醇溶液中稳定状态下加入抗氧化剂混合物后测定的。将提取物溶于10mL无水乙醇中，使浓度为4mg/mL，然后将2mL 0.004% DPPH（0.2mmol/L）的乙醇溶液加入1mL提取液中。在剧烈摇动混合物后，监测517nm处吸光度，直到反应达到平衡。抗坏血酸是一种稳定的抗氧化剂，被用作对照。根据以下公式计算样品百分比中DPPH自由基清除活性：

$$抑制率（Ip）= 100\%(AB-AA)/AB$$

式中，AB和AA分别是70min后检测的空白和测试样品的吸光度。

3.2.3　结果与讨论

1. 不同固酶方法的比较

固定化方法是影响固定化酶活性的重要因素。在本节中，研究了β-葡萄糖苷酶的三种固定方法。结果如表3-1所示，交联-包埋法的酶活和酶活回收率分别达到11.4U/g和72.3%，均优于其他方法。所以交联-包埋法是这三种方法中用于固定化β-葡萄糖苷酶最好方法。

表3-1　不同固酶方法对酶活的影响

固定化酶方法	酶活（U/g）	酶活回收率（%）
直接包埋	4.3	25.9
包埋-交联	6.0	38.7
交联-包埋	11.4	72.3

此外，作为固定化材料的海藻酸钠，以增加黏度和作为乳化剂被食品工业广泛使用，具有食品安全性。选择戊二醛作为交联剂是因其廉价易得。单体戊二醛能够聚合，由一个氨基的戊二醛分子构成席夫碱（亚胺），从而增强与其他戊二醛分子的醛醇缩合。交联后，酶更易于包埋在由海藻酸钠形成的聚合物网络中。最后，选择交联-包埋的方法进行以下实验。使用该方法将β-葡萄糖苷酶保持在珠子内，并且在整个培养期间内所有珠子均保持完美。珠子如图3-1所示。

图3-1　海藻酸钠固定化β-葡萄糖苷酶凝胶珠（彩图请扫封底二维码）

2. 米氏方程常数K_m值

米氏方程常数（K_m值）是研究酶的重要参数。计算K_m值可以帮助我们确保酶对基质的亲和力。较低的K_m值意味着酶对底物有较强的亲和力。从图3-2中可以看出，固定化β-葡萄糖苷酶（IG）的K_m值（$3.10×10^{-3}$mol/L）略高于游离β-葡萄糖苷酶（FG）（$2.28×10^{-3}$mol/L）。因此，游离β-葡萄糖苷酶对底物的亲和力高于固定化β-葡萄糖苷酶的亲和力。这可能是因为固定化会增加酶向底物的传质阻力，与其他固定化研究中报道的固定化酶的K_m值相差不大。

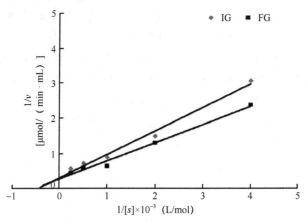

图3-2　游离酶和固定化酶的双倒数曲线

图中s为底物浓度；v为反应速率

3. 固定化酶的稳定性

本节研究了固定化和游离β-葡萄糖苷酶的储存稳定性。如图3-3所示，在4℃保存42天后，固定化β-葡萄糖苷酶的保留酶活性为73.4%，而游离β-葡萄糖苷酶42天后保留酶活性仅为6.3%，说明固定化后β-葡萄糖苷酶的储存稳定性增加。这种增加的稳定性可能是因为固定化能够预防β-葡萄糖苷酶生物大分子结构的变性。

图3-3　固定化酶的稳定性

4. 固定化酶转化木豆根中染料木素

初步研究发现，木豆根中含有很多染料木素，但大多数染料木素都以糖苷的形式存在，其抗氧化能力较弱，吸收潜力较染料木素低。β-葡萄糖苷酶可以切割β-1,4-糖苷键，能够将纤维寡糖和纤维二糖水解成葡萄糖。在本研究中，通过用固定化β-葡萄糖苷酶活化木豆根，完成了染料木苷与染料木素的转化。固定化β-葡萄糖苷酶对染料木素与染料木苷的转化有很大影响。固定化β-葡萄糖苷酶转化前后样品溶液的色谱图如图3-4所示。从图3-4A可以看出，在8min时有染料木苷的色谱峰。用固定化β-葡萄糖苷酶转化后，染料木苷的峰值下降，同时染料木素的峰值明显增加（图3-4B），说明固定化β-葡萄糖苷酶能有效将染料木苷转化成染料木素。

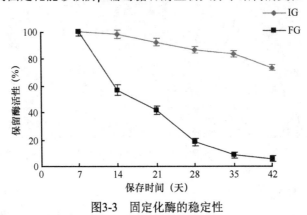

A

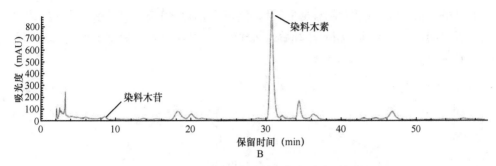

图3-4　固定化酶转化前后样品的高效液相色谱图

A.转化前；B.转化后

5.转化条件的优化及固定化酶和游离酶转化率的比较

本节研究了在10~35U范围内游离和固定化β-葡萄糖苷酶的最佳用量。随着游离和固定化β-葡萄糖苷酶量的增加，染料木素的浓度增加。如图3-5A所示，当酶量从10U变化到25U时，游离β-葡萄糖苷酶的转化效果比固定化β-葡萄糖苷酶的转化效果好。但是当两种酶的量达到30U时，染料木素浓度基本相同；当酶的量高于30U，两者的染料木素浓度几乎没有增加，说明30U的酶量足以将染料木苷转化成染料木素。因此，在以下实验中选择30U为游离和固定化β-葡萄糖苷酶的最佳量。

在优化了游离和固定化β-葡萄糖苷酶的量后，又研究了培养温度的影响，如图3-5B所示，可以看出随着温度的变化，染料木素的浓度也发生改变。对于游离和固定化β-葡萄糖苷酶，当温度设定在50℃时，染料木素的最高浓度分别达到0.671mg/mL和0.687mg/mL。当培养温度从30℃变化至50℃时，固定化β-葡萄糖苷酶的染料木素的浓度高于游离β-葡萄糖苷酶，说明固定化β-葡萄糖苷酶在低温下比游离β-葡萄糖苷酶的活性高。当温度高于50℃时，固定化β-葡萄糖苷酶的染料木素浓度也高于游离β-葡萄糖苷酶。结果表明，由于固定在海藻酸钠珠子中，β-葡萄糖苷酶的热稳定性增加。因此，在较低温度和较高温度下，固定化β-葡萄糖苷酶均可以比游离酶保持更高的活性，且可以在较宽的温度范围内使用。

在培养过程中，pH是另一个重要的影响因素。pH的影响如图3-5C所示。本节研究了在各种pH（3.0~7.0）下游离和固定化β-葡萄糖苷酶的最适pH。结果表明，固定化β-葡萄糖苷酶和游离酶的最适pH均为4.0，且在3.0~4.0的pH范围内两种酶的染料木素浓度也比较接近。但在4.0~7.0的pH范围内，固定化β-葡萄糖苷酶的染料木素浓度高于游离β-葡萄糖苷酶。表明在pH>4.0时固定化β-葡萄糖苷酶的活性高于游离β-葡萄糖苷酶的活性。说明，固定化对酶的结构具有保护作用，能够增加酶的耐酸碱性，拓宽了酶的pH使用范围。

从图3-5D可以看出，固定化β-葡萄糖苷酶的染料木素浓度开始时低于游离β-葡萄糖苷酶，说明游离β-葡萄糖苷酶的转化速率高于固定化β-葡萄糖苷酶。当时间达到2h，两种酶的转化率几乎相同。2h后，两种酶的转化率保持在稳定水平，这表明2h足以使染料木苷转化为染料木素。

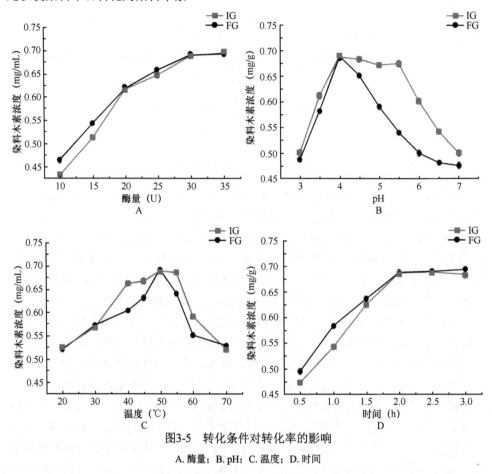

图3-5　转化条件对转化率的影响

A. 酶量；B. pH；C. 温度；D. 时间

　　综上所述，固定化β-葡萄糖苷酶转化木豆根提取物的最佳条件如下：固定化β-葡萄糖苷酶30U、温度50℃、pH 4、培养时间2h。固定后，β-葡萄糖苷酶可以简单地从木豆根提取物中分离出来，固定化β-葡萄糖苷酶也可以重复使用。另一方面，固定化β-葡萄糖苷酶可以在较宽范围的条件下使用，同时在较宽的温度和pH下仍然具有高活性。同时，染料木苷和染料木素的最初浓度分别为0.421mg/mL和0.451mg/mL。经固定化酶转化后，染料木素和染料木苷的浓度分别为0.689mg/mL和0.025mg/mL。由于固定化β-葡萄糖苷酶的酶解作用，约94.9%的染料木苷转化为染料木素，染料木素浓度增加了63.7%。

6. 固定化酶的重复利用

固定化β-葡萄糖苷酶的可重复利用性是工业应用最重要的研究之一，再利用性使固定化β-葡萄糖苷酶比游离形式有更多的优点。如图3-6所示，固定化β-葡萄糖苷酶在使用了8次后其活性仍能达到初始活性的72.5%。另外，木豆根中染料木苷的含量约为0.398mg/g，所以在1kg的木豆根中有约398mg染料木苷，如果使用固定化酶转化8次，1kg木豆根需要固定化酶33U。因此，固定化酶处理1kg木豆根的成本约为5.3美元，而游离酶的成本为42.4美元。由此可见，固定化β-葡萄糖苷酶具有良好的可重复利用性，能大大降低酶转化的生产成本。

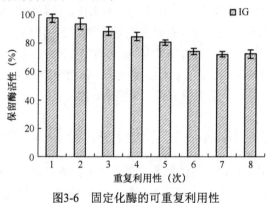

图3-6　固定化酶的可重复利用性

7. 固定化酶转化前后木豆根提取物的抗氧化活性

表3-2显示了固定化酶转化前后木豆根提取物的DPPH自由基清除能力。以半抑制浓度（IC_{50}）值为指标，染料木素的IC_{50}（164.51μg/mL±4.71μg/mL）值接近于维生素C（108.23μg/mL±2.35μg/mL）。染料木苷的IC_{50}值为275.14μg/mL±5.47μg/mL，所以染料木苷的DPPH自由基清除能力低于染料木素。从表3-2可以看出，通使用固定化β-葡萄糖苷酶转化的提取物显示出显著的DPPH自由基清除活性，IC_{50}值为726.21μg/mL±11.25μg/mL，优于没有经过转化的提取物（932.76μg/mL±13.75μg/mL）。可以解释为，转化后染料木素含量增加，染料木苷含量降低，染料木素的DPPH自由基清除能力优于染料木苷。因此，经固定化酶转化的提取物比没有转化的提取物具有更好的抗氧化活性。

3.2.4　本节小结

本研究利用固定化β-葡萄糖苷酶将染料木苷转化为染料木素。确定了固定化β-葡萄糖苷酶转化木豆根提取物的最佳条件（固定化β-葡萄糖苷酶30U、温度50℃、pH 4、培养时间2h）。经固定化酶转化后，染料木素和染料木苷的浓度分别为0.689mg/mL

表3-2　固定化酶转化前后木豆根提取物的抗氧化活性

序号	样品	IC$_{50}$ 值（μg/mL）
1	染料木素	164.51±4.71
2	染料木苷	275.14±5.47
3	未经转化的提取物	932.76±13.75
4	经过转化的提取物	726.21±11.25
对照	维生素 C	108.23±2.35

和0.025mg/mL，约94.9%的染料木苷转化为染料木素，染料木素浓度增加了63.7%。固定化酶具有较好的稳定性，能够在较宽的温度和pH范围内使用，且能够重复多次使用，有效降低成本。另外，通过DPPH自由基清除法测定抗氧化活性表明，转化后的提取物具有较好的抗氧化活性。因此，固定化β-葡萄糖苷酶转化法是将染料木苷转化成染料木素的替代方法，可大量应用于天然成分的转化。

3.3　固定化菌转化木豆根中染料木素的研究

研究发现，利用菌代谢产生的酶系可以快速有效地作用于一些天然药物中的活性成分，将其专一性地转化为特定活性产物，从而通过生物转化的方式实现天然药物活性成分的获得（Banerjee et al.，2012）。菌转化反应是利用菌体系中的酶对外源性底物进行结构修饰所发生的化学反应。菌种类繁多，酶系丰富，可催化多种化学反应。固定化微生物技术的广泛应用为实现大规模连续化生产提供了新途径。固定化菌与游离菌相比，具有在连续反应过程中可实现回收再利用，对热等条件的稳定性有所提高而对抑制剂的敏感性下降，体系可实现连续化、自动化，易于控制及易于产物分离，可提高利用效率，降低成本等优点（Zaks and Dodds，1997；Daroit et al.，2007）。随着固定化菌技术的发展，固定化反应器的研究也取得了长足进展，固定化菌技术在制药工程领域中具有独特的优越性和巨大的潜力，已经引起普遍关注并亟待深入研究。

因此，本研究创新性地将固定化菌技术与生物转化技术相结合，目的是通过固定化菌生物转化天然药用植物中的活性成分，从而更高效、迅速地获得目标产物。与传统的生物转化方法相比，具有经济、高效的优点，更重要的是可以实现连续化，转化效率高，适合大规模工业生产。

3.3.1　实验材料和仪器

1. 菌株

实验所需菌株均购自黑龙江省科学院微生物研究所。

2. 实验材料

试剂	规格	生产厂家
马铃薯葡萄糖琼脂培养基	250g	北京奥博星生物技术有限责任公司
营养肉汤	250g	北京奥博星生物技术有限责任公司
无水乙醇	分析纯	天津市科密欧化学试剂有限公司
甲醇	分析纯	天津市科密欧化学试剂有限公司
酒精	医用	北京安杰龙科技有限公司
吐温40	分析纯	碧云天生物技术研究所
海藻酸钠	分析纯	天津博迪化工股份有限公司
氯化钙	分析纯	汕头市西陇化工厂
马铃薯	食用	哈尔滨市哈安大市场
染料木素	HPLC98%	美国Sigma公司
染料木苷	HPLC98%	美国Sigma公司

3. 实验仪器

仪器	型号	生产厂家
中药粉碎机	WK-400B	天津市泰斯特仪器有限公司
筛子		浙江上虞华丰五金仪器有限公司
高速冷冻离心机	1-15K	德国Sigma公司
振荡培养箱	H2Q-F100	哈尔滨市东联电子技术开发有限公司
生物洁净工作台	DCN-B60	哈尔滨市东联电子技术开发有限公司
电热恒温培养箱	BG/HT9030	上海一恒科学仪器有限公司
电热鼓风干燥箱	DHG-9030	上海一恒科学仪器有限公司
电子万用炉	AL	天津市泰斯特仪器有限公司
循环水式多用真空泵	SHB-ⅢA	郑州长城科工贸有限公司
旋转蒸发仪	RE-52	上海青浦沪西仪器厂
可见分光光度计	WFJ2100	尤尼柯（上海）仪器有限公司
电子天平	BS110	美国Sartorius公司
超纯水系统	Milli-Q	美国Millpore公司
超低温冰箱	MDF-U32V	日本SANYO公司
pH计	PB-21	美国Sartorius公司
立式自动电热压力蒸汽灭菌器	LDZX-40BI	上海申安医疗器械厂
高效液相色谱仪	Waters 600	美国Waters公司

3.3.2　实验方法

1. 固定化菌株并筛选最适菌株

　　采用酿酒酵母、黑曲霉、米曲霉和白腐霉、红曲霉、根霉、酿酒酵母真菌菌株和乳酸菌细菌菌株，每个菌株最初用连续PDA培养基接种，30℃下孵育4天，转移到250mL含有100mL PDA培养基的锥形瓶，6天后有更多微生物孢子在培养基表面形成。然后将50mL吐温40溶液（15mg/L）加入烧瓶中，搅拌1min后转移到空的灭菌烧瓶中。匀浆后，将接种物调节至1.75×10^{7}孢子/mL，储存在4℃下。然后将10mL孢子悬浮液与10mL 6%灭菌的海藻酸钠溶液充分混合。用5mL一次性注射器将悬浮液连续注入100mL 2% CaCl$_2$溶液中，搅拌，形成藻酸钙凝胶珠，并在相同的CaCl$_2$溶液中在4℃下保持硬化2h。然后用无菌蒸馏水洗涤数次以除去过量的CaCl$_2$溶液和游离细胞。然后将固定化菌株加入100mL的20%马铃薯提取物（含有2%碳源和1%氮源的培养基）中，再加入1g木豆根，在30℃和130r/min下振荡1～5天。

2. 样品溶液制备

　　采用超声辅助提取，用100mL乙醇：水（80：20，V/V）溶液提取木豆根，提取3次，每次30min。提取液于50℃下减压旋干，再溶解于10mL甲醇中以获得样品溶液，进行HPLC分析测定。

3. 酶活性测定

　　采用PNPG法测定固定化菌株的酶活性。活力定义为：以对硝基苯-β-D-半乳糖苷（PNPG）为底物，在一定分析条件下，每分钟生成对硝基苯酚所需要的酶量。

4. 发酵过程参数

　　研究各种发酵工艺参数的影响，如孵育时间、培养温度、初始pH等。接种10mL活菌或不含菌，对照实验类似地进行，重复3次。

5. 染料木素和染料木苷的测定

　　染料木素和染料木苷的测定使用Agilent 1200反相HPLC系统进行。采用HIQ Sil C$_{18}$V反相柱（内径250mm×4.6mm，5μm），烘箱温度为30℃。流动相由甲醇：水：甲酸组成（35：64.935：0.065，$V/V/V$），流速为1mL/min。对染料木素和染料木苷在260nm处测量样品的吸光度。通过与标准品比较保留时间和紫外光谱，来确定分析物的色谱峰。

6. 扫描电镜测试

　　通过扫描电子显微镜（SEM）观察不同提取物样品的形态变化。样品除去溶剂后，浸入液氮中，用冷刀切割。将切片颗粒安装在SEM样品短截线上，用溅射涂布机喷金。用Quanta-200 SEM（美国FEI公司）进行观察。

7. 抗氧化活性评估

1）DPPH自由基清除实验

DPPH自由基清除活性（抗自由基活性）是基于在乙醇溶液中稳定状态下添加抗氧化剂混合物之后测定的。样品溶液（0.1mL）与1.4mL乙醇混合后加入1mL 0.04mg/mL DPPH溶液。反应70min，直到反应达到稳定，取上清液检测517nm处吸光度，实验重复3次，取平均值。DPPH自由基浓度计算公式同3.2.2节。式中，AB和AA分别是空白和测试样品的吸光度。针对样品浓度绘制抑制率曲线。建立回归曲线，计算IC_{50}。

2）β-胡萝卜素-亚油酸漂白实验

将氯仿溶液中加入抗氧化剂和去离子水后再加入β-胡萝卜素-亚油酸，均匀混合，水浴加热溶解50min，迅速去上清液检测470nm处的吸光度，实验重复3次，取平均值。

3）超氧化物歧化酶测试

SOD的活性通过分光光度法在550nm测定。

3.3.3　结果与讨论

1. 菌株筛选

不同微生物产生不同种类的酶，生物转化可以通过一种或多种酶一起完成。为提高生物转化率，首先对菌株的选择进行了优化（图3-7）。菌株的选择依据为染料木素和染料木苷的产量。本研究测试了16种不同的菌株并且选择所有的微生物混合物均成功增长和适应。由图3-7A可以看出，与其他菌株相比，红曲霉3.782对染料木苷转化比染料木素的效果好，最高产量为0.998mg/g。另外米曲霉3.951对染料木素的产量为0.897mg/g，只略低于红曲霉3.782和红曲霉3.554。然后，通过红曲霉3.782建立了15种菌株的不同组合发酵体系。从图3-7B中可以看出，混合固定的红曲霉3.782和米曲霉3.951对染料木素的最高产量为1.24mg/g。

笔者在初步研究中发现，在木豆根中染料木苷产量较高、染料木素产量较低。染料木素以糖苷的形式存在，其抗氧化效力较弱，且在肠道中的吸收比染料木苷弱。而染料木苷是一种异黄酮类化合物，可以通过红曲霉和米曲霉产生的酶转化成染料木素。

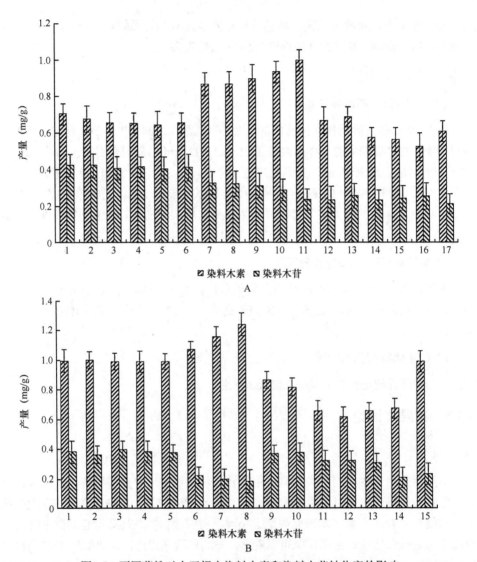

图3-7　不同菌株对木豆根中染料木素和染料木苷转化率的影响

A. 单一菌种: 1. 对照; 2. 白腐真菌F-9; 3. 白腐真菌5.776; 4. 酵母菌CICC 1912; 5. 酵母DQY-1; 6. 酵母JB; 7. 米曲霉3.302; 8. 米曲霉Y29; 9. 米曲霉3.951; 10. 红曲霉3.554; 11. 红曲霉3.782; 12. 少根根霉3.130; 13. 酿酒酵母BX24; 14. 黑曲霉3.3883; 15. 黑曲霉M85; 16. 黑曲霉3.3148; 17. 乳酸菌3.0501。B. 复合菌种: 1. 红曲霉3.782和白腐真菌F-9; 2. 红曲霉3.782和白腐真菌5.776; 3. 红曲霉3.782和酵母CICC 1912; 4. 红曲霉3.782和酵母DQY-1; 5. 红曲霉3.782和酵母JB; 6. 红曲霉3.782和米曲霉3.302; 7. 红曲霉3.782和米曲霉Y29; 8. 红曲霉3.782和米曲霉3.951; 9. 红曲霉3.782和少根根霉3.130; 10. 红曲霉3.782和酿酒酵母BX24; 11. 红曲霉3.782和黑曲霉M85; 12. 红曲霉3.782和黑曲霉3.3883; 13. 红曲霉3.782和黑曲霉3.3148; 14. 红曲霉3.782和乳酸菌3.0501; 15. 红曲霉3.782和红曲霉3.554

为了检测不同菌株产生的固定化酶的活性，通过PNPG转化为对硝基苯酚的方法测定糖苷酶活性。固定化红曲霉的酶活性为0.67U/g，固定化米曲霉的为0.52U/g。两者混合固定后菌株的酶活性达到1.04U/g。表明固定化混合菌株比固定化单一菌株具有更高的酶活性。原因可能是红曲霉和米曲霉在有限的生活空间里，互相竞争，这种压力诱导菌株的生长。然后两种菌株的相互作用可能产生更多的酶，并且具有比单一酶更高的酶活性。木豆根提取物通过混合固定化红曲霉和米曲霉发酵前后的HPLC结果如图3-8所示。发酵前（图3-8A），染料木苷的峰值明显很高。发酵后（图3-8B），染料木苷的峰值明显降低，同时染料木素的峰值明显增加。实验结果表明混合固定化红曲霉和米曲霉对染料木苷到染料木素的转化有很大的影响。

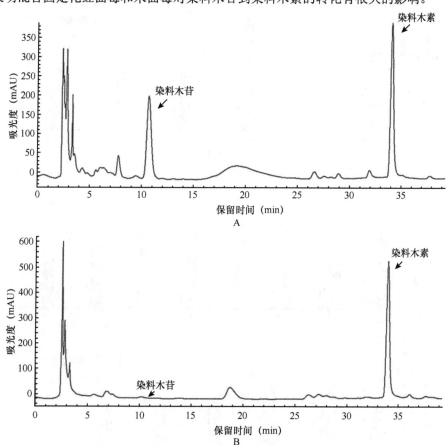

图3-8　红曲霉和米曲霉转化前后木豆根提取物高效液相色谱图

A. 转化前；B. 转化后

2. 转化条件的优化

为了得到混合固定化红曲霉和米曲霉生物转化染料木苷与染料木素的最佳条件，设计了4个转化因素，即固液比、pH、温度、时间对转化率影响的实验，结果如图3-9所示。从图3-9A中可以看出固液比的影响，当固液比高于1：12（g/mL）时，随着液体比例的增大，染料木素的产量明显增加，产量最高为1.107mg/g。之后，染料木素的产量缓慢下降。综合考虑可见，溶剂体积增加将提供足够的氧气来改善菌株活力，菌株会产生更多的酶。但在一定比例1：12（g/mL）之后，产量下降。这主要是由于太多的液体会稀释酶浓度并降低生物转化率。

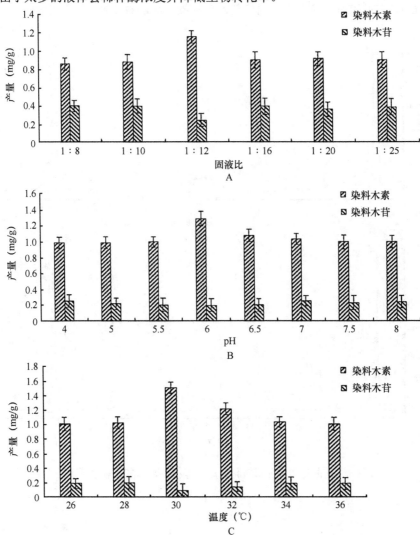

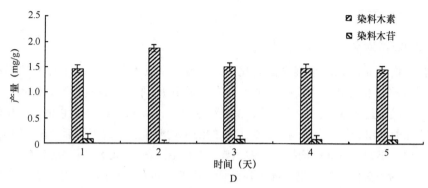

图3-9　混合固定的红曲霉和米曲霉转化染料木素和染料木苷条件的优化
A. 固液比；B. pH；C. 温度；D. 时间

　　底物的初始pH对菌株生长、繁殖及新陈代谢具有重要的生理影响。研究不同pH（4.0~8.0）对产量的影响，结果如图3-9B所示。很明显，在5.5~6.5的pH范围内，染料木素的产量较高。其中，在初始pH 6条件下染料木素的产量达到最高（1.289mg/g）。pH范围从4.0~6.0，染料木素的产量增加，当pH从6.0变化到8.0时，产量缓慢下降。分析原因，可能是由于在极端的初始pH条件下酶活性受到抑制或破坏，改变了混合固定的红曲霉和米曲霉的细胞渗透压，因此降低了染料木素的产量。

　　低温或高温对菌株的活性有抑制作用，因此转化温度对染料木苷和染料木素转化率具有重要的影响。本研究设置了6个不同梯度的温度，范围从26~36℃。由如图3-9C可见，在30℃下得到了染料木素的最大产量（1.506mg/g）及对应的染料木苷的最低产量（0.099mg/g）。当温度从26℃升至30℃时，染料木素的产量提高，在30℃至38℃之间明显下降。菌株的生长和生理过程需要适当的温度，较高或较低的温度可能导致酶活抑制及细胞死亡，因此转化率较低。

　　影响菌株生长和代谢的另一个重要因素是转化时间。如图3-9D所示，实验设置了1~5天5个梯度的转化时间。可以看出，固定化混合菌株在前2天内的转化率呈上升趋势，染料木素产量达到最高（1.877mg/g），对应的染料木苷的产量为0.029mg/g。而时间从2天延长到5天时，染料木素的产量显著减少。由此可知，孵育时间为1天时，固定化菌株没有完全被激活；2天后，由于营养不足，菌株产酶量减少，因此目标化合物转化率下降。此外，代谢物的积累也导致细胞缺氧，使染料木素产量降低。

　　综合各种因素考虑，确定固定化混合红曲霉和米曲霉转化染料木素和染料木苷的最佳条件为：固液比例1∶12（g/mL）、转化温度30℃、初始pH 6.0、转化时间2天，在此最佳条件下，染料木素的最大产量达到1.877mg/g，比传统方法提取率0.703mg/g高出1.67倍；同时，染料木苷的产量为0.029mg/g，下降了93.21%，比传统处理方法转化更彻底。

3. 扫描电镜分析

扫描电子显微镜观察混合固定化的米曲霉和红曲霉处理木豆根样品的形态变化，可以发现木豆根样品像被腐蚀过一样，表面凹坑不平（图3-10）。而木豆根材料的主要成分是纤维素、半纤维素、果胶和木质素。从图3-10A中可以看出，未经处理的样品薄壁组织没有被破坏，且被切割的凹坑均清楚显示。灭菌后（图3-10B），样品出现了小部分微观结构被破坏的现象。发酵后（图3-10C），样品薄壁组织比未经处理和高压灭菌的样品更明显地被破坏。因此，可以推测菌株的生长消耗了凹坑中的化学营养物质，代谢出的酶破坏了植物细胞壁，因此目标化合物被有效释放和转化。

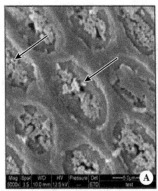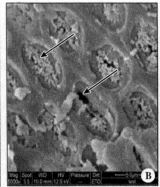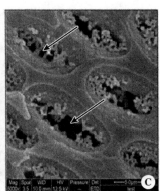

图3-10　木豆根样品扫描电镜图

A. 未经处理的样品；B. 灭菌后的样品；C. 经混合固定化菌发酵过的样品

4. 抗氧化活性

为了测试固定化混合菌转化出的木豆根提取物的抗氧化能力，对样品分别进行了DPPH自由基清除实验、β-胡萝卜素-亚油酸漂白实验和SOD活性测试，结果如图3-11所示。以样品DPPH的IC_{50}值作为比较抗氧化活性的指标，结果发现（图3-11A），发酵的木豆根提取物表现出显著的DPPH自由基清除能力，其IC_{50}值（0.737mg/mL）明显优于未处理的木豆根提取物（1.117mg/mL）。木豆根β-胡萝卜素-亚油酸漂白实验的结果如图3-11B所示，结果与DPPH自由基清除能力实验一致，发酵高压灭菌木豆根提取物β-胡萝卜素-亚油酸漂白抑制作用IC_{50}值为0.173mg/mL，优于未处理的木豆根提取物（0.216mg/mL）。木豆根提取物的SOD活性实验如图3-11C所示，在酶浓度为0.9375mg/mL时，发酵高压灭菌木豆根的抗氧化能力（1.83U/mg）高于未经处理的木豆根提取物（1.44U/mg）。

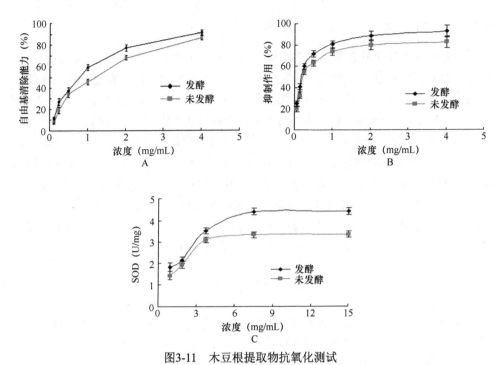

图3-11　木豆根提取物抗氧化测试

A. DPPH自由基清除能力实验；B. β-胡萝卜素-亚油酸漂白实验；C. SOD活性测试

　　染料木素和染料木苷是木豆根中最有效的两种抗氧化剂，发酵样品提取物中染料木素的含量较高，因此显示出较强的抗氧化活性。该结果证明了发酵后的木豆根提取物具有更好的抗氧化活性。因此，固定化菌转化木豆根是较好的木豆根抗氧化剂的生物转化的策略。

5. 固定化微生物的可重复利用性

　　固定化微生物的可重复利用性是工业应用中非常重要的因素。固定化菌株可以为再循环生物反应器提供连续的酶，以保证染料木素的稳定生产力。如图3-12所示，重复使用13次后，固定化混合菌的残余活度仍能达到90%左右，表明了该固定化混合菌具有较好的可重复利用性，可广泛应用于食品和工业生产中。

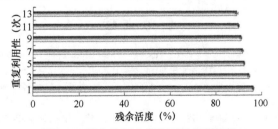

图3-12　固定化混合菌的可重复利用性

3.3.4　本节小结

本研究对固定化混合菌转化木豆根中染料木素和染料木苷进行了评估。通过发酵木豆根与固定的红曲霉和米曲霉完成木豆中染料木苷到染料木素的转化。优化生物转化过程后，固定的米曲霉和红霉菌在30℃、pH 6.0、2天、固液比为1 : 12（g/mL），93.21%的染料木苷转化为染料木素，染料木素产量达到1.877mg/g，比正常样品产量高出1.67倍。经转化的提取物显示出比未经处理的提取物更好的抗氧化活性，通过DPPH自由基清除实验和β-胡萝卜素-亚油酸漂白实验测定IC_{50}值分别为0.737mg/mL和0.173mg/mL。酶浓度0.9375μg/mL时SOD活性为1.83U/mg比正常提取物（1.44U/mg）高。固定食用微生物可以有效地再利用，并且13次运行后残留活性为83.2%。木豆根与固定化食用米曲霉和红霉菌增强提取染料木素的方法易于处理、成本低、效率高，是环保的染料木素替代提取技术，有应用于食品工业的潜力。

3.4　本 章 小 结

本章系统研究了固定化酶和固定化菌对木豆根中染料木素和染料木苷转化的影响，分别建立了固定化酶和固定化菌的固定化方法，优化了生物转化条件，并对转化后木豆根提取物进行了抗氧化活性的评价。结果表明，固定化酶和固定化菌转化后均能显著增加染料木素的含量，降低染料木苷的含量，说明在固定化酶和固定化菌的催化下，成功实现了木豆根中染料木苷到染料木素的转化。并且染料木素和染料木苷是木豆根中最有效的两种抗氧化剂，转化后的样品提取物中染料木素的含量较高，因此显示出较强的抗氧化活性。并且本研究制备出的固定化酶和固定化菌稳定性好，可重复多次利用，能有效降低生产成本。

生物转化反应具有高度的立体选择性和区域选择性，可以进行普通化学合成所无法完成的反应。生物转化反应在有机合成领域、药物研究领域及有机化合物的手性合成方面都有广泛的应用。因此，本研究创新性地将固定化酶及固定化微生物技术与生物转化技术结合在一起，通过固定化菌生物转化天然药用植物中的活性成分，可以更高效、迅速地获得目标产物。相比于传统的生物转化方法具有经济、高效的优点，更重要的是可以实现连续化，转化效率高，适合大规模工业生产。

参 考 文 献

赖剑峰, 杨荣玲, 刘学铭. 2013. 黄酮类化合物的生物转化研究进展. 广东农业科学, 40(4): 95-98.

刘萍, 郑亚安, 王怡斯, 等. 2006. 沙棘叶黄酮糖苷生物转化黄酮苷元研究. 高校化学工程学报, 16(6): 146-150.

王园园, 刘吉华, 余伯阳. 2005. *Streptomyces griseus* ATCC 13273对4种黄酮生物转化的初步研究. 药物生物技术, 12(5): 308-311.

张羽飞, 吴洪, 姜忠义. 2005. 生物转化中药化学成分的研究进展. 生物加工过程, 3(3): 29-32.

Banerjee S, Singh S, Rahman LU. 2012. Biotransformation studies using hairy root cultures: A review. Biotechnol Adv,

30: 461-468.

Daroit DJ, Silveira ST, Hertz PF, et al. 2007. Production of extracellular β-glucosidase by *Monascus purpureus* on different growth substrates. Process Biochem, 42: 904-908.

Hye SM, Kim BG, Kim DH, et al. 2009. Production of flavonoid *O*-glucoside using sucrose synthase and flavonoid *O*-glucosyltransferase fusion protein. Journal of Microbiology and Biotechnology, 19(7): 709-712.

Lavado R, Schlenk D. 2011. Microsomal biotransformation of chlorpyrifos, parathion and fenthion in rainbow trout (*Oncorhynchus mykiss*) and coho salmon (*Oncorhynchus kisutch*): Mechanistic insights into interspecific differences in toxicity. Aquatic Toxicology, 101(1): 57-63.

Ma BP, Feng B, Huang HZ, et al. 2010. Biotransformation of Chinese herbs and their ingredients. World Science and Technology, 12(2): 150-154.

Paolo R, Rocco R, Mara V, et al. 1999. Extraction and immobilization in one step of two β-glucosidases released from a yeast strain of *Debaryomyces hansenii*. Enzyme and Microbial Technology, 24: 123-129.

Sheldon RA. 2007. Enzyme immobilization: The quest for optimum performance. Advanced Synthesis and Catalysis, 349: 1289-1307.

Sheldon RA, Rantwijk FV. 2004. Biocatalysis for sustainable organic synthesis. Australian Journal of Chemistry, 57: 281-289.

Vitali A, Botta B, Delle MG, et al. 1998. Purification and partial characterization of a peroxidase from plant cell cultures of *Cassia didymobotrya* and biotransformation studies. Biochemical Journal, 331: 513-519.

Wang A, Wang M, Wang Q, et al. 2011. Stable and efficient immobilization technique of aldolase under consecutive microwave irradiation at low temperature. Bioresource Technology, 2: 469-474.

Zaks A, Dodds DR. 1997. Application of biocatalysis and biotransformations to the synthesis of pharmaceuticals. Drug Discovery Today, 2(12): 513-531.

第4章 木豆活性成分生物学活性评估

4.1 引　言

4.1.1 木豆活性成分抗单纯疱疹病毒Ⅰ型（HSV-1）的研究

1. 单纯疱疹病毒（HSV）概况

病毒是体积微小、结构简单的非细胞微生物。按遗传物质分类，病毒可分为DNA病毒、RNA病毒和蛋白质病毒。疱疹病毒科（Herpesviridae）属于有包膜的线状双链DNA病毒，广泛存在于自然界中，目前已鉴定或部分鉴定的约有100种。根据病毒的理化性质、生物学特性将疱疹病毒分成α、β、γ三个亚科。单纯疱疹病毒（herpes simplex virus，HSV）属于α疱疹病毒亚科，包括HSV-1和HSV-2两型。HSV-1主要感染口、眼、唇的皮肤和黏膜及中枢神经系统，偶见于外生殖器；HSV-2主要与外生殖器感染和新生儿感染有关，偶见于口腔病变。HSV是最早发现的人类疱疹病毒，也是所有人类病毒性疾病中最常见的病毒之一（于红等，2006）。

HSV-1感染率极高，会感染接近90%的健康成年人，感染途径是利用皮肤和黏膜进入人体机体的表皮和真皮细胞中，然后在细胞内进行复制增殖。当HSV-1完成复制增殖后，将会侵染感觉神经末梢和自主神经末梢，并沿着神经轴索向轴索中心移动，然后潜伏下来。HSV-1侵染机体后，其感染成功率与HSV-1的病毒毒力和宿主细胞抵抗力有极大的关系。HSV能够在宿主体内终身潜伏，复发率高是其感染的最明显特点之一（俞苏蒙等，2010）。

近年来，关于HSV-1的研究主要集中在流行病学调查、病毒的分离鉴定、病毒血清学检测、病毒血清型分析及弱毒疫苗研究等方面。随着生化与分子生物学技术的发展，对HSV-1结构多肽、功能蛋白、核酸结构功能、抗原定位、分型方法、变异机制等进行了大量研究（葛金玲等，2007；金宁等，2007；刘彦慧等，2008）。

2. 抗疱疹病毒药物简介

抗疱疹病毒的药物研究已有半个多世纪的历史。1962年第一个正式批准上市的抗疱疹病毒药物是5-碘-2'-脱氧尿嘧啶核苷（IDU）。5-碘-2'-脱氧尿嘧啶核苷在细胞内可置换病毒DNA中的胸腺嘧啶核苷，形成异常核酸而抑制水痘-带状疱疹病毒（VZV）复制。但由于全身应用会影响人体细胞DNA合成，产生严重的毒性，使它的临床应用受到限制，故仅用作外用制剂，5%疱疹净常用于治疗疱疹性角膜炎。20世纪80年代研制出的核苷类药物，其代表是阿昔洛韦。阿昔洛韦的问世，标志着抗疱疹病毒药物的一个新时代。阿昔洛韦是一种无环嘌呤核苷酸类似物，其抗病毒活性依赖于感染宿主细胞内转化成的三磷酸衍生物。疱疹病毒可在受感染的细胞内产生一种胸腺嘧啶激酶，而阿昔洛韦易被遭受疱疹病毒感染的细胞所吸收，依靠胸腺嘧啶激酶的作用，形成阿昔洛韦三磷酸盐，从而竞争性抑制鸟嘌呤三磷酸盐，终止DNA链延长。对HSV的DNA多聚酶产生强大的抑制作用，从而阻滞HSV的DNA复制。

3. 研究目的和意义

HSV-1感染可引起婴幼儿、儿童及成人的唇疱疹、角膜炎、疱疹性脑炎、脑膜炎等疾病。目前市场上已有的一些抗HSV药物主要有中成药和西药，中成药普遍存在服用周期长、疗效不突出的问题，患者需要长时间忍受病毒的折磨，西药存在价格高、副作用大等问题。阿昔洛韦和泛昔洛韦是目前世界上毒副作用小、用量较大的第二代广谱抗病毒口服药物，但是对新生儿或老年人的中枢神经系统的感染，其结果仍不理想，而且对HSV潜伏期和复发次数没有多大影响，同时具有神经毒性样的副作用。随着人类社会快节奏发展和国际频繁交流，新生病毒不断滋生传播，威胁着人类的健康。因此利用我国丰富的药用植物资源，筛选和开发出疗效确定、安全无毒、质量可控的抗HSV疗效突出、毒副作用小、复发率低的天然药物迫在眉睫。木豆叶中含有多种活性成分，包括黄酮类及芪类等成分，其中，球松素、芹菜素、木犀草素、异鼠李素、牡荆苷、异牡荆苷、荭草苷、cajanol和染料木苷是主要的黄酮类成分。上述成分均具有很好的药理活性，附加值高、市场需求大，是药品、保健品和食品添加剂的重要原料。

4.1.2　木豆活性成分抗菌活性的研究

1. 微生物概况

微生物是指一切肉眼看不清或看不见的一类结构简单、个体微小的生物的总称。主要包括细菌、真菌和病毒。此外一些小个体的原生生物和显微藻类等也包含在内。这些微生物虽然个体小，但却与人类的生活密切相关，涉及食品、卫生、农业、医药、环保等诸多领域。其中细菌感染是我们所熟悉并且最常见的病症之一，已引起全球的注意。致病菌或条件致病菌侵入血液循环中生长并且大量繁殖，可产生引起急性全身性感染的毒素及一些代谢产物。此外，还可引起畏寒、发热、皮疹、肝脾肿大和关节痛等临床表现，严重的可导致迁移病变和感染性休克。大肠杆菌（革兰氏阴性菌）属于原核生物，其细胞壁由肽聚糖组成，并且具有内毒素、荚膜、Ⅲ型分泌系统、黏附素和外毒素等很多毒力因子，容易导致如肾盂肾炎、膀胱炎、尿道炎等以泌尿系统感染为主的多种肠道外感染（Sarantuya et al.，2004；Siddique et al.，2003；Presterl et al.，2003）。而金黄色葡萄球菌（革兰氏阳性菌）

是人类化脓感染中最常见的病原菌，在自然界中无处不在，会引起局部化脓感染、肺炎、伪膜性肠炎、心包炎等疾病，严重患者则会发生败血症、脓毒症等全身感染（Gorwitz et al.，2008；Chambers and Deleo，2009）。近年抗生素的过多使用，导致大肠杆菌和金黄色葡萄球菌的耐药性逐年增加，因此开发出新的抗菌药物十分必要。

2. 抗菌植物药研究进展

植物源抗菌物质在自然界中广泛存在，是绿色杀菌剂创制的重要先导源，近年来，植物药在抗感染治疗研究中发挥着重要的作用。植物源抗菌物质是植物体产生的多种具有抗菌活性的次生代谢产物，包含生物碱类、类黄酮类、蛋白质类、有机酸类和酚类化合物等许多不同的类型，曾有人报道过有1389种植物可能被作为杀菌剂（吴轶青，1996）。与单纯的化学合成物质相比，由于高度进化和高度专一的特征使植物源抗菌物质能够产生高效的药理作用，因此天然有效成分在新药及新药先导化合物发现中起着不可替代的作用，它已成为抗菌实验和临床菌株的希望和新途径，是当前抗菌新药研究和开发的主要发展方向。

随着科学技术的不断发展，国内外学者都展开对植物药的研究。目前，从植物中筛选出多种具有抗菌活性的物质：阿里木帕塔尔和左日古丽玉素甫（2009）发现的生姜提取物6-姜酚对多种细菌具有较强的抑制作用。李永军等（2011）发现的白藜芦醇对羊毛状小孢子菌、红色毛癣菌、石膏样毛癣菌、石膏样小孢子菌、絮状表皮癣菌5种常见皮肤癣菌具有较强的体外抗真菌活性。刘强等（2011）研究了儿茶素类对异质性耐万古霉素葡萄球菌（h-VRS）的体外抗菌活性。刘军锋等（2011）采用抑菌圈法测定了槐定碱、苦参碱、氧化苦参碱、氧化槐果碱、苦豆子总碱对大肠杆菌、金黄色葡萄球菌、枯草芽孢杆菌、番茄早疫病菌、番茄灰霉和辣椒炭疽的抗菌活性。吴海芬和叶玉娣（2012）采用肉汤稀释法研究鱼腥草素的体外抗菌活性，采用小鼠金黄色葡萄球菌感染模型，观察体内抗菌活性，发现鱼腥草素在体外对金黄色葡萄球菌和白色念珠菌作用最为明显，在体内对金黄色葡萄球菌有明显抑制作用等。可见，植物药物中的抗菌活性成分已经成为国内外的研究和开发热点。

3. 研究目的和意义

目前由于细菌和真菌所引起的人类、动物和植物的疾病种类繁多且变化性极强，如肺结核、淋病、炭疽病、梅毒、鼠疫、砂眼等疾病，而随着抗生素广泛使用，致病菌的变异性也不断增强，甚至出现极强的耐药菌株"超级细菌"。面对越来越严峻的耐药性问题，开发和研制高效低毒的天然抗菌药物是目前乃至未来人类所需着重解决的重大科技任务之一，而低毒的天然抗菌药物已显现了巨大的潜力，并已日益成为国内外学者研究的焦点和热点，孕育着重大的科学发现。本研究对木豆叶的乙醇粗提物、三氯甲烷粗提物、乙酸乙酯粗提物、石油醚及正丁醇粗提物的抗菌活性进行了研究，发现木豆素类、内酯、黄酮类、精油等为主要活性成分，并对黄酮类化合物cajanol的抗菌活性和作用机制进行了深入的研究。

4.1.3　木豆活性成分抗肿瘤活性的研究

1. 恶性肿瘤的研究概况及危害

细胞增长和分化可满足身体需要，这种有序的过程可保持人们身体健康。然而，如果细胞继续分裂，这些额外的大量细胞就形成肿瘤，恶性肿瘤就是人们所说的癌症。恶性肿瘤的细胞能侵犯并且使周围的组织和器官遭到破坏。而且，癌细胞会从肿瘤中穿过，并且进入血液和淋巴系统中，这就是为什么癌症会从原发的部位转移到其他器官并且形成新的肿瘤的原因，这个过程被定义为癌症转移，多数情况下是以它们起始的器官和细胞类型的不同来命名的。恶性肿瘤的危害有：①阻塞和压迫：这一点和良性的肿瘤相似，不过恶性肿瘤的阻塞压迫发展迅速，程度也高，如食管癌肿瘤可以堵塞食管，造成患者吞咽困难。②破坏所在器官的结构和功能：如肝癌由于肝细胞破坏和肝内胆管阻塞，可引起全身性黄疸。③侵袭破坏邻近器官：如食管癌可穿透食管壁，侵犯食管前面的气管，形成食管-气管瘘；吞咽时，食物落入气管内，引起咽下性肺炎。④坏死、出血、感染：恶性肿瘤生长迅速，癌组织常常因为供血不足而发生坏死，如果癌变组织侵犯血管，可引起出血，如鼻咽癌患者往往有鼻衄（即鼻出血）；肺癌患者常常合并肺部感染。⑤疼痛：由于癌组织压迫或侵犯神经，可引起相应部位的疼痛，如晚期肝癌、胃癌都有剧烈疼痛。另外，癌症继发感染后，也可以引起疼痛。

2. 天然抗肿瘤药物研究进展

从古至今，植物药治疗人类疾病已有千年的历史。近年来，随着科学技术突飞猛进的发展，抗肿瘤药物的研究也得到了长足的发展，从天然植物中提取到越来越多的活性成分，它们具有独特的作用机制、较低的毒副作用和明显的化疗效果，因而在临床上获得了广泛的应用。相对于单纯的化学合成，从天然植物中提取的活性成分不仅具有高度进化和高度专一的特征，而且能对与其共同进化的基因产物产生高效的药理作用，因此天然有效成分在新药及新药先导化合物发现中起着不可替代的作用，它已成为抗肿瘤药物研究和开发的重要途径之一（Hsu et al.，2008；Vuorela et al.，2004；Cui et al.，2011）。

自1957年以来，美国国家癌症研究所每年从世界各地的植物中筛选出几千种植物提取物的抗肿瘤活性成分，经过后期药理学、药代动力学等研究，已发现有617种植物活性成分具有显著的肿瘤抑制作用。我国的植物资源广阔，且利用中草药已有千年的历史，拥有植物药研究的资源优势。目前，科学家针对28科3000多种中草药进行了抗肿瘤活性成分筛选，结果筛选出了200余种具有抗肿瘤活性（李一青等，2004）。

3. 研究目的和意义

目前，癌症仍是人类基本无法完全治愈的重大疾病之一，在众多抗肿瘤药中，天然植物类抗肿瘤药所占的比重最大，在单品排名前10位的抗肿瘤药中，植物类抗肿瘤药占据了两强席位，为紫杉醇和多西他赛。从植物中寻找有效的抗肿瘤药物已成为国内外药学研究者的热点研究课题，近30年来已上市的抗肿瘤药物中，有约60%来自天然产物或其衍生物（Cragg et al., 2009；Shoeb, 2006），可见天然产物在抗肿瘤药物的研究与开发中的重要地位。全球范围内对植物类抗癌药物的新药研发投入越来越大，因而，从植物中寻找开发有效抗肿瘤新药的前景是广阔的。本研究对木豆中的活性成分进行了广泛的筛选，发现多种对肿瘤具有明显的抑制作用且对正常细胞毒性较低的抗肿瘤成分，因此，又进一步对cajanol、木豆芪酸（cajaninstilbene acid, CSA）等多个成分进行了较为深入的抗肿瘤机制研究。结果表明，木豆可以作为一种潜力较大的天然抗肿瘤植物，木豆中的活性物质有望成为新型的天然抗肿瘤药物。

4.1.4　木豆活性成分抗氧化活性的研究

1. 氧化应激的概况

氧化应激的概念最早源于人类对衰老的认识。1956年英国学者Harman首次提出自由基衰老学说，认为自由基（free radical）攻击生命大分子物质造成的细胞损伤，是引起机体衰老的根本原因之一，也是诱发肿瘤等恶性疾病的重要原因。1990年美国衰老研究学者Sohal教授指出了自由基衰老学说的各种缺陷，并第一次提出了氧化应激的概念。氧化应激是机体在遭受有害刺激时，体内活性氧（reactive oxygen species，ROS）自由基和活性氮（reactive nitrogen species，RNS）自由基产生过多，超出了机体的清除速度，氧化系统和抗氧化系统失衡，过剩的ROS和RNS参与氧化生物大分子过程，从而导致组织损伤。机体通过线粒体、微粒体、细胞色素P450、呼吸链、过氧化物酶及黄嘌呤氧化酶等途径产生ROS，其中线粒体是ROS形成的主要部位。其最终产生细胞脂质过氧化并致使细胞溶酶体、线粒体损伤。ROS还能激活应激敏感性信号通路，调节基因的表达，从而损伤细胞。除肝细胞之外，ROS在肥胖患者中还可从脂肪组织中产生。肝内的炎症细胞，尤其是在已经发展成脂肪性肝炎的患者中，ROS也可以大量产生。氧化应激产生的大量ROS可通过不同途径引起细胞凋亡或坏死、组织的损伤，如引起多不饱和脂肪酸的脂质过氧化反应，可导致细胞DNA的改变，从而导致细胞坏死和凋亡。

2. 抗氧化剂与自由基清除剂

抗氧化剂一般是指当其自身浓度远远低于其作用的底物浓度时，能够明显抑制底物发生氧化作用的一大类物质的统称。与抗氧化剂密切相关的一个概念是自由基清除剂，一般认为自由基清除剂是一类能直接发挥清除自由基物质，或能使一个有毒自由基发生化学反应生成毒性较低的自由基的物质。在自由基生物学领域，机体内绝大多数氧化反应和自由基作用紧密相关，很难区分，所以两者具有相似的生物学内涵。抗氧化剂和自由基清除剂都能通过一系列化学反应减少 ROS 的形成或增强机体的抗氧化防御水平，从而发挥保护机体免受氧化应激损伤的作用。机体存在的抗氧化剂和自由基清除剂还对维持体内正常水平的 ROS 水平发挥了重要的和决定性的作用。

3. 研究目的和意义

很多合成的或天然的抗氧化剂可以用来对抗机体组织内由氧化引起的分子损伤。但是，合成的抗氧化剂由于毒性和很多副反应的存在，其应用受到限制。天然的抗氧化剂相对于合成的产物来说更加安全和健康，所以现在很多天然产物被广泛关注，并用来预防和治疗由氧化引起的各种疾病（Ningappa et al.，2008）。已发现的植物抗氧化成分主要有：黄酮类、皂苷类、生物碱类、多糖类、苯酚类、鞣质类、不饱和脂肪酸、维生素等（于腾飞，2009）。这些物质通过清除人体内自由基，还原氧化物质，从而起到增强免疫功能、调控基因、增强解毒功能和延缓衰老等作用（余思逊，2009）。本研究运用 DPPH 法测定了木豆叶醇提物和水提物的体外抗氧化活性，实验结果显示，醇提物的抗氧化活性优于水提物；通过 β-胡萝卜素-亚油酸漂白实验，发现乙酸乙酯部位的抑制活性高于阳性对照丁基羟基甲苯；CSA、球松素、芹菜素等多种成分均具有抗氧化活性，对氧化引起的细胞损伤有较好的保护作用。

4.2　木豆活性成分球松素抗单纯疱疹病毒 I 型（HSV-1）活性及其作用机制研究

随着人们对健康的日益关注及现代医药事业的不断发展，新药物的研制和实验显得日益重要。但这类与人类自身相关的科学研究如果在人体上进行实验则风险很大；可通过实验方法使实验动物产生与人类相似的生理状态，建立能够模拟人类生理或病理状态的动物模型。以昆明种小鼠为实验模型，采用尾静脉注射方式接种 HSV-1，以病毒感染指数及组织病理学检验研究了球松素体内抗 HSV-1 作用，从而确定了球松素作为抗 HSV-1 候选药物的价值及意义。

　　球松素具有明显的体内抗HSV-1活性，本研究拟从外用途径入手，采用噻唑蓝（MTT）法研究球松素体外药效学活性，以药物抗病毒的选择指数（SI）为评价指标，研究球松素体外抗HSV-1活性。同时比较球松素与HSV-1不同作用模式及不同加药时间的抗病毒效力，从而筛选出球松素与HSV-1作用的最佳模式及时间，并对其可能的作用机制进行推断。

　　计算机辅助药物设计是利用计算化学基本原理，通过模拟药物与受体生物大分子的相互作用或通过分析已知药物结构与活性内在关系，合理设计新型结构先导化合物的药物设计方法。近年来，分子对接方法成为计算机辅助药物设计中最为重要的方法之一，逐步从理论研究阶段进入实际应用阶段。其应用范围极为广泛，基于分子对接方法的虚拟筛选方法在药物设计中取得了巨大的成功。本研究应用InsightII 2005软件包分析球松素与HSV-1 gD蛋白活性腔之间的相互作用，以此来推测球松素与HSV-1 gD蛋白可能发生的作用，预测球松素与HSV-1 gD蛋白的相互作用机制。

4.2.1　实验材料和仪器

1. 实验材料

试剂	生产厂家
单纯疱疹病毒Ⅰ型（HSV-1，F株）	中国科学院武汉病毒研究所
昆明种小鼠（体重21g±2g）	中国农业科学院哈尔滨兽医研究所
非洲绿猴肾细胞Vero-E6	中国农业科学院哈尔滨兽医研究所
球松素	实验室自制
阿昔洛韦	美国Sigma公司
苦味酸（分析纯）	汕头市西陇化工厂
0.9%生理盐水	哈尔滨三联药业股份有限公司
医用酒精	齐齐哈尔制药技术有限公司
DMSO	天津市东丽区天大化工试剂厂
DMEM高糖培养液	美国Hyclone公司
胰蛋白酶	美国Gibco公司
乙二胺四乙酸（EDTA）	美国Sigma公司
MTT	美国Sigma公司
胎牛血清	天津市灏洋生物制品科技有限责任公司
青霉素、链霉素双抗	美国Hyclone公司
细胞周期检测试剂盒	碧云天生物技术研究所
罗丹明123（Rh123）	碧云天生物技术研究所
BCIP/NBT碱性磷酸酯酶显色试剂盒	碧云天生物技术研究所

BCA蛋白浓度测定试剂盒	碧云天生物技术研究所
Tris	美国Sigma公司
甘氨酸	美国Sigma公司
SDS	美国Sigma公司
吐温20	碧云天生物技术研究所
无水甲醇（分析纯）	天津市东丽区天大化工试剂厂
PVDF膜	美国Millpore公司
3MM滤纸	英国Whatman公司
碱性磷酸酯酶标记山羊抗鼠的二抗	碧云天生物技术研究所
鼠源β-actin一抗	碧云天生物技术研究所
鼠源gD一抗	上海优宁维生物科技股份有限公司
鼠源ICP27一抗	上海优宁维生物科技股份有限公司
DNA提取试剂盒-柱式	美国Andybio公司
引物（UL30F、UL30R、actin-F、actin-R）	生工生物工程（上海）有限公司
2×*Taq* Plus PCR MasterMix	天根生化科技（北京）有限公司
PBS缓冲液	实验室配制
苯甲基磺酰氟（PMSF）	美国Gibco公司
血清胱抑素（cystain）	美国Gibco公司

2. 实验仪器

仪器	型号	生产厂家
倒置显微镜	TS100	日本Nikon公司
病理切片机	徕卡RM 2016	德国Leica公司
一次性针头式滤器	0.22μmol/L	美国Pall Life Sciences公司
一次性无菌注射器	1mL	赤峰天波医疗器材有限公司
一次性无菌注射器	10mL	沈阳奉达医疗器械有限公司
眼科剪刀、眼科镊子	医用级	张家港市锦丰锦鹿刀剪厂
生物洁净工作台	DL-CJ-2N	哈尔滨市东联电子技术开发有限公司
立式自动电热压力蒸汽灭菌器	LDZX-40BI	上海申安医疗器械厂
CO_2细胞培养箱	E191TC.E191IR	美国SIM公司
流式细胞仪	PAS	德国PARTEC公司
原子力显微镜	Pico Plus II	美国 Molecular Imaging 公司
垂直电泳仪	Hoefer MiniVE	美国GE公司

高速冷冻离心机	1-15K	德国Sigma公司
电子天平	BS110	美国Sartorius公司
超纯水系统	Milli-Q	美国Millpore公司
pH计	PB-21	美国Sartorius公司
电动移液器	accu-jet	德国Brand公司
超低温冰箱	MDF-U32V	日本SANYO公司
移液器	Pipetman P2-P1000	法国Gilson公司
涡旋混匀器	SK- I	江苏省金坛市荣华仪器制造有限公司
金属浴	K20	杭州蓝焰科技有限公司
半干转膜仪	Hoefer TE70	美国Amersham公司
脱色摇床	TY-80B	江苏省金坛市荣华仪器制造有限公司
电动玻璃匀浆器	DY89-1	宁波新芝生物科技股份有限公司
数码相机	EOS 350D	日本Canon公司
凝胶成像仪	ImageMaster VDS-CL	美国Pharmacia公司

4.2.2　实验方法

1. 球松素体内抗HSV-1活性研究

1）急性毒性实验

取健康的昆明种小鼠60只，随机分为5组，每组12只，雌雄各半。实验剂量以球松素100mg/kg体重为最高剂量组，并设置50mg/kg体重、25mg/kg体重、12.5mg/kg体重、0mg/kg体重共5组，以上述剂量分别灌胃给药，给药容量均为0.1mL/10g。给药结束后连续观察2周，并观察受试小鼠的饮食、精神状态，并记录各个组小鼠死亡情况。根据各组小鼠的死亡率用半数致死量（LD_{50}）表示。

2）球松素体内抗HSV-1活性

60只随机分为5组的昆明种小鼠分别为空白对照组（2% DMSO，生理盐水溶解）、病毒对照组（2% DMSO，生理盐水溶解）、阳性对照组（阿昔洛韦，20mg/kg体重）、受试药物高剂量组（球松素，50mg/kg体重）、受试药物低剂量组（球松素，20mg/kg体重）。除空白对照组外，每鼠尾静脉接种病毒悬液，球松素及阿昔洛韦均采用灌胃给药，每天一次，持续一周。逐日观察小鼠的饮食、精神状态，并记录各个组小鼠死亡的情况。观察2周后，小鼠脱颈处死。根据小鼠感染HSV-1受损伤的情况，制定感染指数如下：0，无损伤；2，体重减轻15%；4，精神萎靡，体重减轻＞15%；6，后肢瘫痪；8，死亡。

3）病理切片

脱颈处死小鼠后，剥离肝组织和脾组织，浸没于10%甲醛溶液中24h。使用病理切片机把已经固定的组织切成5μm厚的薄片后进行石蜡包埋。进行HE染色，于显微镜下观察病理改变。

2. 球松素体外抗HSV-1活性研究

1）不同浓度球松素抗HSV-1作用

采用96孔细胞培养板培养非洲绿猴肾细胞（Vero细胞），制成$1×10^5$mL细胞悬液，于5% CO_2细胞培养箱37℃培养24～48h。弃生长液，加100×半数组织培养感染剂量（$TCID_{50}$）HSV-1病毒液，37℃吸附1h，吸出病毒液，加用维持液稀释的不同稀释度球松素稀释液，以阿昔洛韦作为阳性对照。实验同时设细胞对照组、病毒对照组。采用MTT法测吸光度（OD），计算不同浓度球松素的病毒抑制率。实验重复3次，取3次实验的平均值作为实验结果。按下列公式计算药物对HSV-1的抑制率：病毒抑制率=(实验组OD−病毒组OD)/(细胞对照组OD−病毒组OD)×100%，将抑制率与药物浓度作图，得出剂量反应曲线，计算出IC_{50}值。按下列公式计算球松素及阿昔洛韦抗HSV-1的选择指数（SI）：选择指数=CC_{50}/IC_{50}（CC_{50}表示使50%细胞死亡时的药物浓度）。

2）不同作用模式下球松素抗HSV-1效果

（1）预处理病毒。以2×最大无毒浓度（TD_0）的球松素及其单体成分分别与2×100 $TCID_{50}$ HSV-1病毒液混合，室温孵育1h，加到Vero细胞已长成单层的96孔细胞培养板中，37℃吸附1h后，弃去96孔板中液体，加DMEM高糖培养液培养72h。实验同时设细胞对照、病毒对照。MTT法测OD值，计算球松素对HSV-1的抑制率。实验重复3次，取3次实验的平均值作为实验结果。

（2）对病毒复制的作用。以100 $TCID_{50}$ HSV-1病毒液侵染Vero细胞，同时设细胞阴性对照和病毒阳性对照，孵育1h后，弃病毒液，于培养液中加入TD_0的球松素，培养72h，观察致细胞病变效应（CPE），MTT测OD值。实验重复3次，取3次实验的平均值作为实验结果。

（3）预处理细胞。以TD_0的球松素加到已长成单层的96孔细胞培养板中，预处理Vero细胞1h，同时设细胞阴性对照和病毒阳性对照，弃去液体，于96孔板中加入100 TCID50 HSV-1病毒液，37℃吸附1h后，弃病毒液，加DMEM培养液，培养72h，观察CPE，MTT测OD值。实验重复3次，取3次实验的平均值作为实验结果。

（4）对病毒吸附的作用。将2×TD_0的球松素分别与2×100 $TCID_{50}$ HSV-1病毒液混合后，立即加到Vero细胞已长成单层的96孔细胞培养板中，37℃吸附1h后，弃去96孔板中液体，加DMEM培养液培养72h。实验同时设细胞对照、病毒对照。MTT法测

OD值，计算球松素抗HSV-1的抑制率。实验重复3次，取3次实验的平均值作为实验结果。

3）不同时间加入球松素的抗HSV-1效果

采用96孔细胞培养板培养Vero细胞，制成1×10^5个/mL细胞悬液，于5% CO_2细胞培养箱37℃培养24~48h。弃生长液，加100 $TCID_{50}$ HSV-1病毒液，37℃吸附1h，吸出病毒液，分别于0h、2h、4h、8h、12h、24h加入用维持液稀释的球松素，继续培养72h，以阿昔洛韦作为阳性对照。实验同时设细胞对照、病毒对照。MTT法测OD值。实验重复3次，计算不同浓度球松素的病毒抑制率。

3. 球松素体外抗HSV-1作用机制研究

1）原子力显微镜检测HSV-1形态的变化

选取$3 \times TD_0$、$9 \times TD_0$和$27 \times TD_0$的球松素与100 $TCID_{50}$ HSV-1作用1h及TD_0球松素与100 $TCID_{50}$ HSV-1作用1h、3h和9h，37℃培养。作用一定时间后，将上述各培养混合溶液从培养箱中取出，混匀，取50μL溶液滴加到新剥离的云母片上，在空气中停留20min后，用去离子水洗3遍，空气中自然晾干，用于原子力显微镜的检测。

2）流式细胞仪检测细胞周期的变化

取1×10^6个/mL Vero细胞接种于6孔板培养24h，弃生长液，加100 $TCID_{50}$ HSV-1病毒液，37℃吸附1h，吸出病毒液，加用维持液稀释的12.5μg/mL、25μg/mL及50μg/mL球松素，置5% CO_2细胞培养箱中37℃继续培养72h；或加入25μg/mL球松素置5% CO_2细胞培养箱中37℃继续培养24h、8h、2h，每组3个复孔。去除培养液，冷PBS洗涤2次，用0.25%胰蛋白酶消化。用800μL PBS重悬细胞并加入200μL血清胱抑素，吹打均匀，避光室温孵育5min。上流式细胞仪，在FL4紫外灯下检测1×10^4个Vero细胞，每组平行实验3次。

3）流式细胞仪检测线粒体膜电位（$\triangle \Psi_m$）的变化

用2）中方法处理细胞。将细胞沉淀重悬于1mL Rh123染色液中（10μg/mL）制成细胞悬液，37℃避光温育30min。流式细胞仪检测其荧光强度，激发波长488nm，发射波长510nm。每个样品测定1×10^4个细胞。以低荧光值细胞比例作为检测膜通透性变化指标。

4）SDS-PAGE检测蛋白质含量的变化

蛋白质的提取。取1×10^6个/mL Vero细胞接种于6孔板培养24h，弃生长液，加100 $TCID_{50}$ HSV-1病毒液，37℃吸附1h，吸出病毒液，加用维持液稀释的12.5μg/mL、25μg/mL及50μg/mL球松素，置5% CO_2细胞培养箱中37℃继续培养72h。去除培养液，加入RIPA裂解液，混匀，加入1mmol/L的苯甲基磺酰氟（PMSF）。充分裂解后，10 000～14 000g离心3～5min，取上清，即可进行后续的SDS-PAGE操作。然后制胶，加样，电泳，银染。

5）Western blotting检测gD及ICP27蛋白质含量的变化

蛋白质的提取方法同4），然后使用BCA法测定裂解后的蛋白质样品浓度，并进行电泳。把SDS-PAGE的分离胶取出后使用半干法转膜，提取PVDF膜上蛋白质样品的抗体，而后使用抗体进行孵育，用蒸馏水洗涤1～2次即可终止显色反应，用数码相机记录PVDF膜的显色结果。

6）PCR检测HSV-1 DNA的变化

（1）DNA提取。取$1×10^6$个/mL Vero细胞接种于6孔板培养24h，弃生长液，加100 $TCID_{50}$ HSV-1病毒液，37℃吸附1h，吸出病毒液，加用维持液稀释的12.5μg/mL、25μg/mL及50μg/mL球松素200μL，置5% CO_2细胞培养箱中37℃继续培养72h。侵染后的细胞经过3次冰冻、3次融化后，于2000×g、4℃离心20min，去除细胞沉淀。上清液于24 000×g、4℃离心1h，弃1.3mL上清。在1.5mL离心管中加入0.1～0.2mL病毒样品。加入0.6mL溶液A，振荡30s混匀后室温或65℃放置10min。将溶液全部转移至离心吸附柱中，室温放置2min。12 000r/min室温离心1min，弃收集管中穿透液。再加入0.5mL通用洗柱液到离心吸附柱中，12 000r/min室温离心1min，弃收集管中穿透液。再加入0.5mL通用洗柱液到离心吸附柱中，12 000r/min室温离心1min，弃收集管中穿透液。12 000r/min室温离心0.5min。在离心吸附柱的滤膜中部加入30～100μL DNA洗脱液，然后将离心吸附柱套入一新的1.5mL离心管中，室温放置2min。12 000～15 000r/min室温离心1min，离心管中收集的样品即DNA。DNA浓度由RNA/DNA Calculator Gene Quant Ⅱ测得，于−20℃保存。

（2）PCR扩增。

引物设计为：UL30F（5′→3′）：ATG GTG AAC ATC GAC ATC TAC GG

UL30R（5′→3′）：CCT CCC GTT CGT CCT CGT CCT CC

actin-F（5′→3′）：TCC TGT GGC ATC CAC GAA AC

actin-R（5′→3′）：GAA GCA TTT GCG GTG GAC GAT

反应体系为：

组成成分	用量	终浓度
2×MasterMix	25μL	1×
上游引物（10μmol/L）	2μL	400nmol/L
上游引物（10μmol/L）	2μL	400nmol/L
模板	1μL	20ng
双蒸水	20μL	—
总计	50μL	—

PCR反应条件为：

94℃变性	3min
94℃变性	30s
55℃退火	30s
72℃延伸	1min
72℃延伸	5min
4℃	∞

55℃退火　30s、72℃延伸　1min　33个循环

（3）琼脂糖凝胶电泳检测。取5μL PCR样品移至1%琼脂糖凝胶点样孔中，125V电泳1h，电泳结束后，使用ImageMaster VDS-CL凝胶成像仪获取实验结果。

4. 应用分子对接方法研究球松素与HSV-1 gD蛋白相互作用

1）配体与受体的准备

球松素分子结构由Builder模块构建，然后运用Discovery3模块中的共轭梯度法，选取一致性价力场（consistent valence force field，CVFF），优化配体球松素的结构（图4-1）。能量收敛判据为0.01kcal/(mol·Å)。

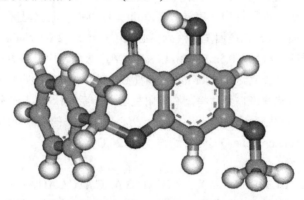

图4-1　球松素的立体结构示意图（彩图请扫封底二维码）

HIV-1 gD蛋白质晶体结构引自Brookhaven蛋白质数据库（http://www.rcsb.org/pdb/），分辨率为2.65Å（PDB码1JMA）。删除晶体结构内所有杂原子，然后用Biopolymer模块修正蛋白质晶体结构的化学键、添加氢原子（pH 7）和末端氨基酸残基的修饰。因为球松素与HSV-1 gD蛋白的作用发生在水溶液中，采用半径为50.0Å的TIP3P水模型，将gD蛋白结构置其中。运用Discovery3模块，在CVFF下优化水溶剂化的gD蛋白结构。其中先用最陡下降法优化500步，然后用共轭梯度法优化至收敛，能量收敛判据为0.01kcal/(mol·Å)。

步骤如下：首先用Binding Site Analysis模块搜索可能的活性腔，先定义gD蛋白周围4Å范围内的氨基酸残基为活性区域，在分子对接过程中构象自由变化，而其他氨

基酸残基在对接过程中构象保持不变。选择CVFF，给各个原子分配电荷。在球松素及蛋白质的活性区域分别定义氢键受体和氢键供体，定义球松素可旋转的二面角。

柔性分子对接的步骤为：先用Monte Carlo法搜索出40个能量较低的初选构象，其中初始结构为从头计算，非键方法采用Quartic_vdw_no_coul，能量检查的温度为200K，最大允许变化为10^6，最小化步数为1000；然后用模拟退火动力学优化这40个构象，其中初始结构为从文件输入，非键方法采用多极单元，最小化步数为1000，动力学优化初始温度为500K，动力学优化终止温度为300K；共轭梯度优化得到的40个构象至收敛，其中能量的收敛判据为0.01kcal/(mol·Å)；最后，依据结合自由能大小、体系总能量高低及构象合理性等分析确定最优构象（表4-1）。

表4-1　模拟退火分子对接计算主要参数的设置

对接步骤	能量最小化	模拟退火动力学
初始结构	从头计算	从文件输入
产生的结构数	40	40
非键方法	Quartic_vdw_no_coul	多极单元
能量检查的温度（K）	200	
最大允许变化	10^6	
最小化步数	1000	1000
模拟退火	否	是
模拟退火步数		50
动力学优化起始温度（K）		500
动力学优化终止温度（K）		300

2）分析方法

用Docking模块计算球松素（配体）与蛋白质（受体）之间的非键相互作用能及活性腔内各个关键氨基酸残基与配体相互作用能。分子之间的非键相互作用能包括范德华（van der Waals）相互作用能和静电相互作用能。在计算分子间的相互作用能时，截断值为100Å，即当两个粒子间的距离超过100Å，它们之间的相互作用能为零。

Delphi模块采用有限求解Poisson-Boltzmann方程的方法计算蛋白质的静电势分布。具体步骤为：在CVFF中固定电荷；设定溶质及溶剂参数；溶质的介电常数设为2，溶剂（水）的介电常数设为80，溶剂半径设为1.8Å，溶液的离子强度采用生理pH条件下的缺省值0.145mol/L；建立静电势计算格点，格点数为81×81×81，运行Delphi计算程序，得到静电势的格点分布。

4.2.3 结果与讨论

1. 球松素体内抗HSV-1活性研究

1）急性毒性实验

急性毒性是指一日内对动物进行单次或多次给药，连续观察给药后动物产生的毒性反应及死亡情况。急性毒性实验应进行定性观察和定量观察。定性观察是观察给药后动物出现的中毒表现，如中毒反应的程度、反应出现的时间及作用的靶器官。定量观察就是观察药物的毒性反应与给药剂量的关系。最主要的观察指标是LD_{50}。球松素的小鼠急性毒性实验结果如表4-2所示。

表4-2 球松素小鼠急性毒性实验结果

组别	剂量（mg/kg）	动物数 n	死亡数 F	死亡率 P（F/n）（%）
1	100	12	0	0
2	50	12	0	0
3	25	12	0	0
4	12.5	12	0	0
5	0	12	0	0

在给药后12h内，未见小鼠死亡，2周内各组小鼠死亡情况如表4-2所示。当给药剂量为≤100mg/kg时，小鼠没有出现死亡，可知$LD_{50}>100$mg/kg体重。小鼠给药后2周内，均未出现抽搐、食欲不振、毛色枯黄、精神沉郁、身体蜷缩、缩颈竖毛且体重逐日递减等异常现象，进食情况及行动状况均与对照组小鼠无异。脱颈处死后剖检可见，肝脾颜色正常，大小适中，未见腹水及粘连等病症。在以下球松素体内抗HSV-1活性研究中，球松素所采用的最高剂量为50mg/kg体重，明显低于其LD_{50}值，表明此浓度球松素在体内是安全的。

2）球松素体内抗HSV-1活性

采取尾静脉注射HSV-1的方式建立小鼠体内感染HSV-1模型。感染HSV-1小鼠逐渐出现活动明显减慢、反应迟钝、精神萎靡、眼闭、怕光、毛耸等现象（图4-2），后期出现后肢瘫痪、死亡的现象。解剖后可于肝脏及脾脏表面发现明显的疱疹（图4-3），表明感染HSV-1小鼠模型建立成功。

为了检测球松素的体内抗HSV-1活性，采用阿昔洛韦作为阳性对照，考察50mg/kg体重及20mg/kg体重球松素体内对HSV-1的抑制作用。采用统计学方法分析各组小鼠体重的平均值，发现球松素在体内是安全的。如图4-4所示，低剂量组（20mg/kg

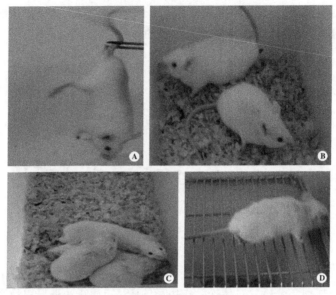

图4-2　球松素体内抗疱疹病毒活性（彩图请扫封底二维码）

A. 对照；B. 球松素高剂量组；C. 球松素低剂量组；D. HSV-1对照组

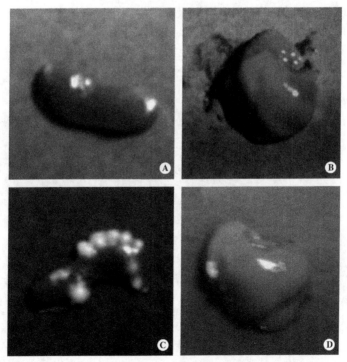

图4-3　HSV-1感染引起小鼠肝脏及脾脏变化（彩图请扫封底二维码）

A. 正常小鼠脾脏；B. 正常小鼠肝脏；C. HSV-1感染组小鼠脾脏；D. HSV-1感染组小鼠肝脏

体重）及高剂量组（50mg/kg体重）球松素对于HSV-1引起的感染损伤均有明显的延迟及抑制作用（$P < 0.01$），高剂量组球松素的作用与阿昔洛韦相近。

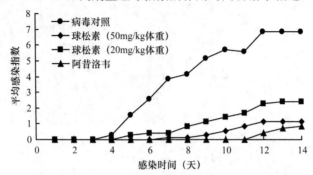

图4-4　球松素对于小鼠尾静脉感染HSV-1的作用

3）病理切片

采用组织病理学分析，对球松素作用后的HSV-1感染小鼠肝脏及脾脏进行组织切片，结果如图4-5所示，病毒对照组小鼠的肝脏出现肝细胞变形，部分肝细胞空泡化，组织细胞疏松化，肝脏及脾脏均出现大量中性粒细胞及巨噬细胞，脏器出现局部淤血等现象。阿昔洛韦组小鼠肝脏及脾脏组织疏松化程度较轻，无肝细胞空泡化现象，仅见少量中性粒细胞及巨噬细胞。高剂量组较低剂量组小鼠肝脏及脾脏中中性粒细胞及巨噬细胞数目明显减少，且无组织疏松化现象。综上可知，球松素具有明显的体内抗HSV-1作用，且具有良好的安全性。这一结果为寻找低毒、高效抗HSV-1药物提供重要的科学基础。

肝脏

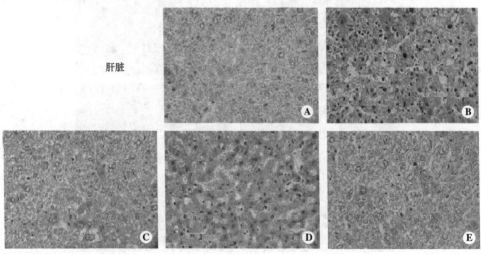

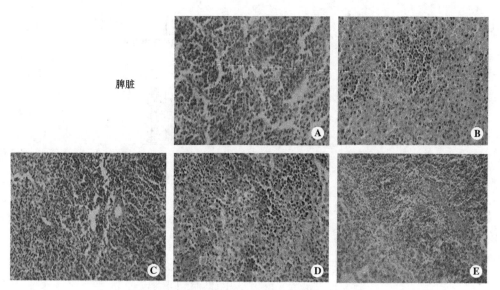

脾脏

图4-5　病理切片结果（彩图请扫封底二维码）

A. 正常小鼠对照组；B. 病毒对照组；C. 球松素高剂量组；D. 球松素低剂量组；E. 阳性药物阿昔洛韦对照组

2. 球松素体外抗HSV-1活性

1）不同作用模式下球松素抗HSV-1效果

　　Lyu等（2005）发现在已知黄酮类化合物抑制疱疹病毒作用的机制主要集中在3个方面：①直接杀灭病毒；②阻断病毒感染；③抑制病毒细胞诱导的细胞病变。相应地，本研究采用预处理细胞、吸附、复制和预处理病毒4种作用模式研究球松素体外抗HSV-1活性（图4-6）。如图4-7所示，球松素抗HSV-1活性呈明显的时间依赖性及浓度依赖性，在72h，100μg/mL球松素对HSV-1的作用效果最好，其在预处理病毒和复制模式对HSV的抑制率分别达到84.45%±4.32%、75.83%±1.67%。

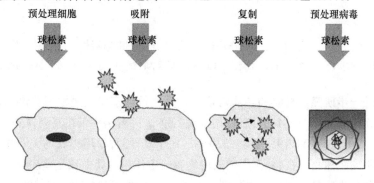

预处理细胞　　　吸附　　　　　复制　　　预处理病毒

球松素　　　　球松素　　　　　球松素　　　　球松素

图4-6　球松素与阿昔洛韦抗HSV-1活性（不同作用模式示意图）（彩图请扫封底二维码）

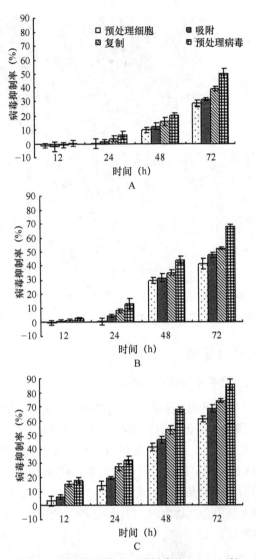

图4-7　不同作用模式下球松素抗HSV-1活性

A. 25 μg/mL球松素；B. 50 μg/mL球松素；C. 100μg/mL球松素；作用时间分别为12h、24h、48h及72h

　　为了进一步研究球松素的抗病毒活性，采用抗疱疹特效药物阿昔洛韦作为阳性对照，研究球松素对HSV-1的抑制作用（图4-8）。阿昔洛韦仅在复制模式下对HSV-1有抑制作用，其抑制率为95.11%±3.98%，对于其他3种作用模式均无明显作用。与阿昔洛韦不同，球松素在4种作用模式中均有一定作用，其中预处理病毒模式及复制模式的作用最为明显，其抑制率分别为85.69%±2.59%和74.22%±3.40%。球松素对于预处理细胞模式及吸附模式也表现出一定的抑制作用，抑制率达到61.19%±1.58%和68.48%±0.91%。以上结果表明，球松素能与HSV表面某个靶点发生作用，使这个病毒不能与宿主细胞表面受体相结合，从而使病毒不能侵染宿主细胞，而且还可以在病毒表面靶点没被破坏的情况下，切断病毒复制过程。

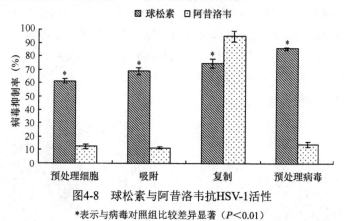

图4-8　球松素与阿昔洛韦抗HSV-1活性

*表示与病毒对照组比较差异显著（$P<0.01$）

2）不同时间加入球松素的抗HSV-1效果

随着加入时间的延长，球松素抗HSV-1活性有所下降，12h时，病毒抑制率降为50.12%±4.37%，12h后基本达到稳定。而阿昔洛韦的抗病毒活性却随着药物加入时间的延长而一直下降（图4-9）。表明阿昔洛韦对HSV-1复制早期作用明显，而对HSV-1复制晚期作用微弱。与之不同，球松素不仅表现出很强的抑制HSV-1复制早期作用，对于HSV-1复制晚期也有明显作用。由此可以推论，球松素抑制HSV-1可能的机制为抑制HSV即刻早期基因表达产物如ICP27等及HSV-1晚期基因表达产物如gD等蛋白质的合成，从而起到抑制HSV-1的作用。

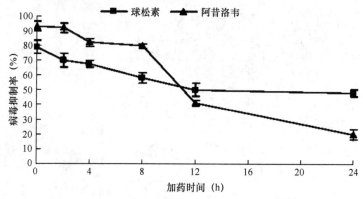

图4-9　不同时间加入球松素对HSV-1复制的抑制作用

3. 球松素体外抗HSV-1作用机制研究

1）原子力显微镜检测HSV-1形态的变化

如图4-10所示，未处理过的HSV-1病毒粒子表面并不平滑，证明HSV-1表面广泛分布的糖蛋白大小并不一致。低浓度球松素处理HSV-1时,病毒粒子包膜部分损失。随着浓度的增加,球松素引起病毒包膜的脱落及病毒粒子的变形,最终导致病毒粒子完全破坏。从图4-11可见,形貌图及相图都反映了球松素与病毒粒子作用的相同过程。随着浓度的增加,球松素可以引起病毒粒子逐步破坏,导致病毒包膜破坏,最终病毒失活。表4-3列出了球松素作用前后病毒粒子大小的变化。以上结果证明,球松素首先与HSV-1病毒粒子表面包膜作用,引起包膜脱落,进而进入病毒粒子,损坏衣壳,最终导致病毒失活。

图4-10　HSV-1的原子力图像(彩图请扫封底二维码)

A.形貌图;B.相图(相位图像的大小=400nm)

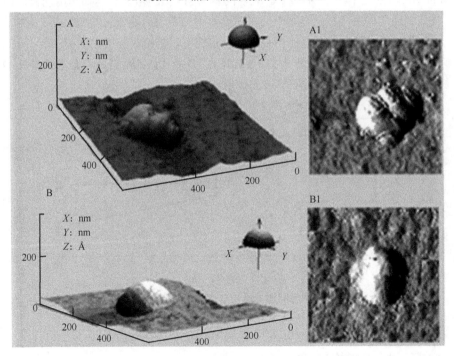

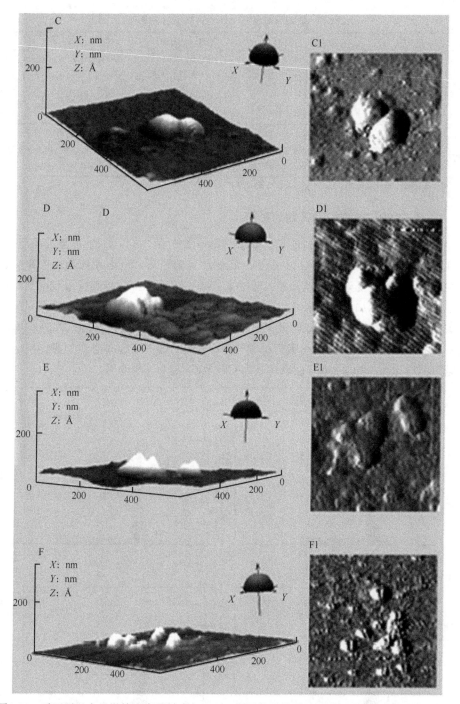

图4-11　采用原子力显微镜观察球松素与HSV-1作用的形貌图及相图（彩图请扫封底二维码）

表4-3　球松素与HSV-1作用对其粒径的影响

	浓度	长度（nm）	宽度（nm）	高度（Å）
	病毒对照	201.95±12.68	188.28±37.43	127.44±11.12～149.85±24.56
不同时间	1h	198.75±16.65	97.68±18.11*～184.21±12.32	85.26±5.17*～122.52±11.63*
	3h	159.92±7.14*	137.27±13.20*	101.39±6.16*
	9h	85.82±12.33*～102.44±25.98*	55.09±14.64*～87.36±23.15*	47.68±12.34*～63.31±5.45*
不同浓度	100μg/mL	183.85±23.81*	179.60±24.23	129.31±18.17*
	300μg/mL	69.36±23.81*～143.98±27.62*	32.54±3.64*～106.72±23.46*	70.28±4.95*～110.55±9.22*
	900μg/mL	12.60±3.77*～34.74±9.39*	7.15±3.02*～28.76±6.91*	15.13±3.71*～32.40±2.45*

* 表明与病毒对照相比在$P < 0.01$水平上有显著差异

2）流式细胞仪检测细胞周期的变化

如图4-12所示，当用HSV-1侵染Vero细胞后，G1期的细胞分布变为92.14%±3.09%，表明HSV-1可引起Vero细胞G1期阻滞，呈浓度依赖性的递减。图4-13表明HSV-1侵染后，越早加入球松素，对于G1期阻滞的抑制作用越明显。同样，如图4-14所示加入不同浓度的球松素也可呈浓度依赖性地抑制HSV-1引起的Vero细胞的G1期阻滞。50μg/mL球松素作用后，Vero细胞G1期变为63.26%±3.85%，与细胞对照相近。由此可推，球松素可抑制HSV-1引起的宿主细胞周期于G1期阻滞，球松素可能对HSV-1中的早期基因表达产物ICP0及ICP27有抑制作用。

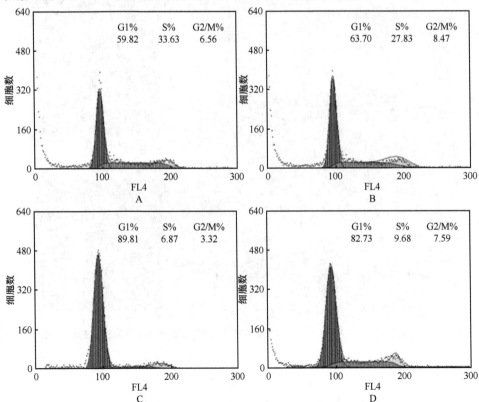

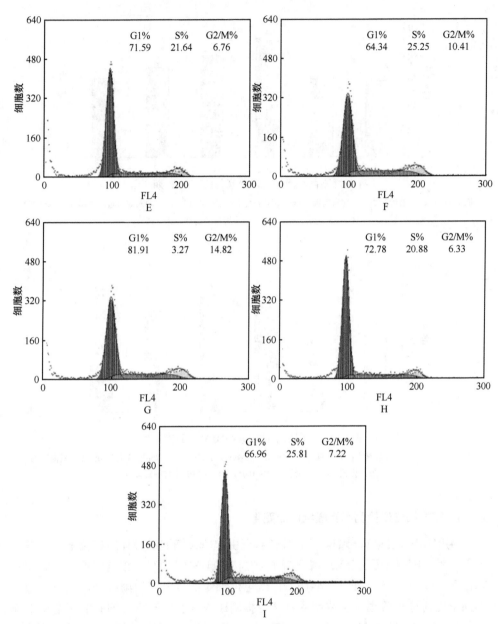

图4-12　采用细胞周期研究球松素与HSV-1的作用（彩图请扫封底二维码）

A. 细胞对照；B. 球松素对照；C. 病毒对照；D～F. 不同时间（24h、48h、72h）加入球松素；G～I. 浓度模式：

12.5μg/mL、25μg/mL及50μg/mL

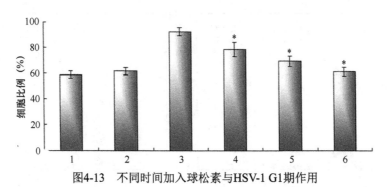

图4-13　不同时间加入球松素与HSV-1 G1期作用

1. 细胞对照；2. 球松素对照；3. 病毒对照；4～6. 不同时间（24h、48h、72h）加入球松素。数据用均值±方差（$n=3$）表示。*$P<0.01$，P值为与病毒对照组比较

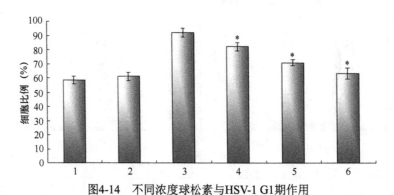

图4-14　不同浓度球松素与HSV-1 G1期作用

1. 细胞对照；2. 球松素对照；3. 病毒对照；4～6. 浓度模式：12.5μg/mL、25μg/mL及50μg/mL。数据用均值±方差（$n=3$）表示。*$P<0.01$，P值为与病毒对照组比较

3）流式细胞仪检测细胞膜电位的变化

当用HSV-1侵染Vero细胞后，HSV-1可引起Vero细胞线粒体膜电位下降，以上结果表明，HSV-1可引起Vero细胞凋亡。当感染HSV-1的宿主细胞于不同时间加入球松素后（图4-15D～F、图4-16），低电位细胞的百分率逐渐减少。同样，加入不同浓度的球松素也可呈浓度依赖性地抑制HSV-1引起的Vero细胞的膜电位下降（图4-15G～I、图4-17）。近年来研究表明，一些病毒所产生的细胞病变作用至少部分与细胞凋亡有关，而病毒的持续性感染与病毒抑制细胞凋亡有关。基于以上实验

结果可推论，球松素可能抑制HSV-1表面的某些结构蛋白释放到细胞中，或抑制gD
等蛋白与细胞表面受体蛋白接触，从而起到抑制HSV-1的作用。

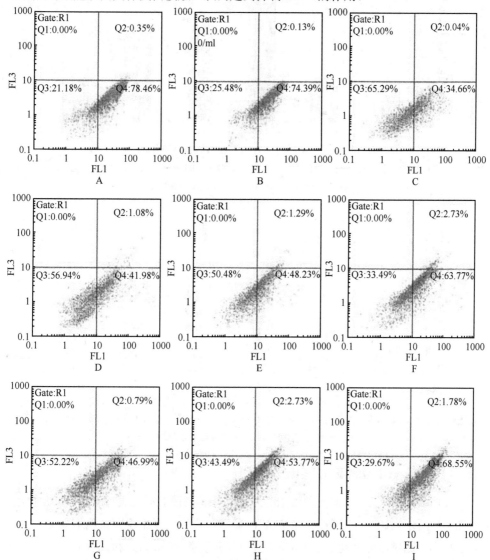

图4-15　采用线粒体膜电位研究球松素与HSV-1的作用（彩图请扫封底二维码）

A. 细胞对照；B. 球松素对照；C. 病毒对照；D～F. 不同时间（24h、48h、72h）加入球松素；G～I. 浓度模式：
12.5μg/mL、25μg/mL及50μg/mL

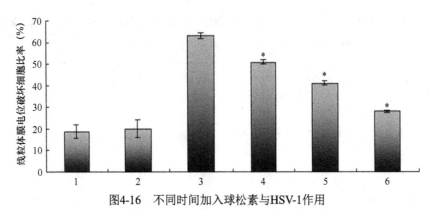

图4-16　不同时间加入球松素与HSV-1作用

1. 细胞对照；2. 球松素对照；3. 病毒对照；4～6. 不同时间（24h、48h、72h）加入球松素。数据用均值±方差
（*n*=3）表示。*P＜0.01，*P*值为与病毒对照组比较

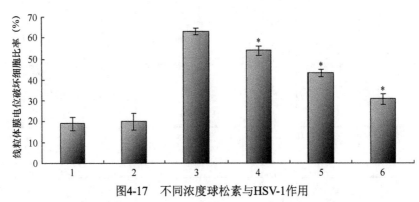

图4-17　不同浓度球松素与HSV-1作用

1. 细胞对照；2. 球松素对照；3. 病毒对照；4～6. 浓度模式：12.5μg/mL、25μg/mL及50μg/mL。数据用均值±方
差（*n*=3）表示。*P＜0.01，*P*值为与病毒对照组比较

4）SDS-PAGE检测蛋白质含量的变化

根据图4-18所示，本研究采用浓度为8%的聚丙烯酰胺凝胶进行SDS-PAGE实验。如图4-19所示，HSV-1感染Vero细胞后，箭头所示的位置出现两条明显条带，经与分子量标准比对后可分别确定为ICP27蛋白（分子量为63kDa）和gD蛋白（分子量为60kDa）。当用球松素处理HSV-1感染后的Vero细胞后，此两条条带明显减轻，而其他条带没有明显变化。而用阳性对照药物阿昔洛韦处理HSV-1感染后的Vero细胞后，蛋白质条带大量减弱甚至消失。表明阿昔洛韦虽然对HSV-1复制有明显的抑制作用但对于宿主细胞也存在毒副作用，而球松素却能明显抑制HSV-1 ICP27蛋白和gD蛋白的合成，却不影响宿主细胞。

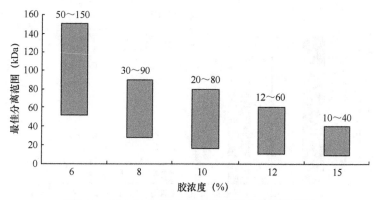

图4-18　SDS-PAGE胶浓度与分离蛋白分子量范围

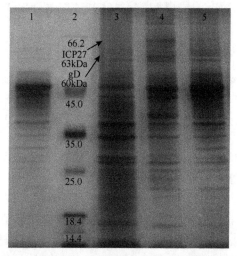

图4-19　球松素与HSV-1作用的凝胶电泳图（彩图请扫封底二维码）

1. HSV-1+阿昔洛韦；2. 标准蛋白；3. 细胞对照；4. HSV-1对照；5. HSV-1+球松素

5）Western blotting检测gD及ICP27蛋白质含量的变化

如图4-20及图4-21所示，球松素可明显抑制HSV-1 gD蛋白的合成，此抑制方式呈浓度梯度变化。与之相似，球松素可明显抑制HSV-1 ICP27蛋白的合成，此抑制方式呈浓度梯度变化（图4-21及图4-22）。与用阿昔洛韦处理HSV-1后gD蛋白表达量一致。

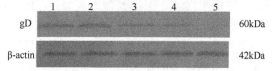

图4-20　Western blotting检测球松素与HSV-1 gD蛋白质的作用

1. HSV-1对照；2～4. HSV-1+12.5μg/mL、25μg/mL及50μg/mL球松素；5. HSV-1+阿昔洛韦

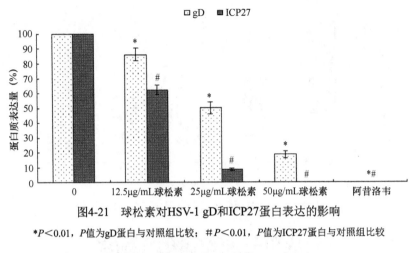

图4-21　球松素对HSV-1 gD和ICP27蛋白表达的影响

*$P<0.01$，P值为gD蛋白与对照组比较；＃$P<0.01$，P值为ICP27蛋白与对照组比较

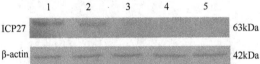

图4-22　Western blotting检测球松素与HSV-1 ICP27蛋白的作用

1. HSV-1对照；2～4. HSV-1+12.5μg/mL、25μg/mL及50μg/mL球松素；5. HSV-1+阿昔洛韦

　　HSV-1 ICP27是HSV的早期表达蛋白之一，全长512个氨基酸残基。从病毒的生活周期来看，ICP27处于病毒蛋白表达的早期，由于其具有调控功能，是杀伤性T细胞识别靶点。Hardy和Sandri-Goldin（1994）发现ICP27蛋白的主要作用为抑制宿主细胞蛋白质剪接，导致细胞质剪接mRNA的水平下降，最终导致宿主细胞蛋白质合成停止。Luo和Reed（1999）研究发现大部分HSV-1转录无需内含子，因为剪接mRNA比起无内含子转录转运更有效，剪接抑制作用可以导致宿主细胞中剪切依赖转运通路变更。事实上，ICP27通过与病毒无内含子RNA结合来帮助HSV RNA转运（Sandri-Goldin，1998）。综上推论球松素抑制gD和ICP27蛋白的表达可能是球松素抗HSV-1的机制之一。

6）PCR检测HSV-1 UL30 DNA多聚酶的变化

　　UL30蛋白，称为DNA多聚酶催化亚单位（DNA polymerase catalytic subunit），约137kDa，是病毒在宿主细胞内进行DNA复制的关键酶，因此，阐明UL30蛋白的功能，可作为研究病毒复制机制及用来设计抗病毒。采用PCR技术，研究球松素与HSV-1复制过程中具有重要作用的UL30基因的作用，结果如图4-23和图4-24所示，球松素对病毒基因组DNA UL30有明显的抑制作用，且此抑制作用呈浓度依赖性，由此可知，球松素可明显抑制HSV-1 DNA多聚酶，并因此抑制DNA的合成。

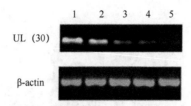

图4-23　球松素对HSV-1 UL30 DNA多聚酶的抑制作用

1. HSV-1对照；2~4. HSV-1+12.5μg/mL、25μg/mL及50μg/mL球松素；5. HSV-1+阿昔洛韦

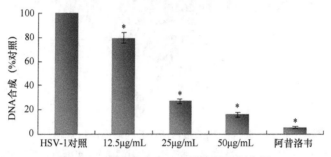

图4-24　球松素对DNA多聚酶的抑制作用

"%对照"表示以HSV-1对照作为100%，不同浓度球松素处理占对照的百分比

4. 球松素与HSV-1 gD蛋白受体结合部位对接结果

如图4-25所示，gD蛋白核心为V型的β-折叠片。球松素结合于靠近gD蛋白螺旋骨架的表面活性腔。图4-26表明球松素与gD蛋白受体活性腔匹配良好，形成稳定的复合体系，最大结合能等于-66.11kcal/mol（表4-4）。其中范德华作用占主导作用，占总结合能的86.66%（-57.29kcal/mol）。图4-27显示，球松素与gD蛋白受体结合部分为11个最具活性的氨基酸残基。其中氨基酸残基Arg130和Pro133分别与球松素苯环母核上羟基氧原子形成一个稳定的氢键。Arg130:NH$_2$-O$_{18}$和Pro133:O-O$_{18}$的距离和角度分别为3.12Å、3.15Å和86.49°、108.33°（表4-5）。此外，球松素的侧链苯环指向由氨基酸残基Leu28、Val144侧链及氨基酸残基Asp147、Asn148和Arg229疏水部分组成的疏水性口袋（图4-27）。表4-6为所有满足E_{sum}<-2.0kcal/mol的氨基酸残基，同时也给出了对应的范德华作用能（E_{vdW}）和静电作用能（E_{ele}）数据。氨基酸残基Arg130是与球松素结合能最高的残基，E_{sum}为-11.27kcal/mol。此外，球松素与gD蛋白的氨基酸残基Leu28、Gln132、Trp135、Val144、Asp147、Asn148、Gln228和Arg229之间存在较强的相互作用，尤其是Gln228和Arg229，E_{sum}分别为-9.48kcal/mol和-5.86kcal/mol。基于这些氨基酸残基是gD行使生物活性的关键残基，球松素可抑制gD蛋白的功能，从而影响病毒的吸附。

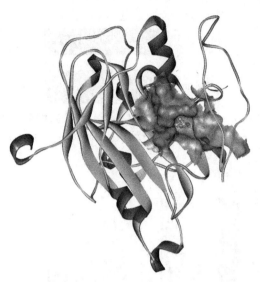

图4-25　球松素结合于gD蛋白活性腔（彩图请扫封底二维码）

gD蛋白活性腔表面由InsightII 2005软件包生成。球松素用球棍模型显示。gD蛋白的螺旋、β-折叠片、旋转、
无规则卷曲分别用红色、青色、绿色和白色展示

图4-26　球松素和gD蛋白活性腔绑定的表面静电势（彩图请扫封底二维码）

球松素以球棍模型显示

表4-4　受体和配体间的相互作用能（kcal/mol）

分子	分子间能量		
	范德华力	静电引力	总作用力
球松素	−57.29	−8.82	−66.11

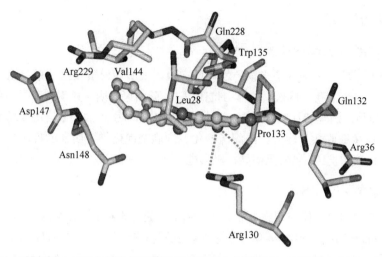

图4-27　球松素与gD蛋白活性腔氨基酸残基相互作用示意图（彩图请扫封底二维码）

关键氨基酸残基以棍状模型显示。球松素以球棍模型显示。O、N、C原子分别用红色、蓝色、绿色显示。重要氢键以金黄色虚线标识

表4-5　球松素与gD活性腔氨基酸间的氢键

受体	配体	氢键	
残基原子	原子	距离（Å）	角度（°）
Arg130:NH$_2$	O$_{18}$	3.12	86.49
Pro133:O	O$_{18}$	3.15	108.33

表4-6　配体球松素和gD氨基酸残基之间的相互作用能（E_{sum}）及范德华作用能（E_{vdW}）和静电作用能（E_{ele}）（kcal/mol）

残基	E_{vdW}	E_{ele}	E_{sum}
Leu28	−3.07	−0.03	−3.10
Arg130	−5.82	−5.45	−11.27
Gln132	−2.19	−0.94	−3.13
Pro133	−3.55	0.49	−3.06
Trp135	−4.06	−0.17	−4.23
Val144	−2.80	0.52	−2.28
Asp147	−1.88	−1.14	−3.02
Asn148	−4.55	−0.49	−5.04
Gln228	−8.55	−0.93	−9.48
Arg229	−5.89	0.03	−5.86

4.2.4　本节小结

1. 球松素体内抗HSV-1活性研究

本研究对球松素进行了小鼠急性毒性实验，表明球松素在给药剂量范围内毒性很小，安全系数很高。球松素的体内抗HSV-1实验结果表明球松素有明显地体内抑制HSV-1的作用。病理切片结果表明，球松素对于HSV-1引起的小鼠肝脏及脾脏中中性粒细胞及巨噬细胞数目增多、组织疏松化、细胞空泡化均有明显的抑制作用。总体看来，球松素的抗HSV-1效果明显，极具进一步研究的意义。

2. 球松素体外抗HSV-1活性研究

本研究对球松素体外细胞毒性进行了测定，测得球松素$CC_{50}>100\mu g/mL$，TD_0为$95.37\mu g/mL\pm7.14\mu g/mL$，表明球松素对宿主细胞安全无毒。球松素的抗HSV-1活性结果表明，球松素抑制HSV-1的IC_{50}为$22.71\mu g/mL\pm1.72\mu g/mL$，且球松素的$SI>4$，证明球松素具有明显的抗病毒活性。球松素在4种作用模式中均有一定作用，其中预处理病毒模式及复制模式的作用最为明显。球松素对于预处理细胞模式及吸附模式也表现出一定的抑制作用。以上结果表明，球松素能与HSV表面某个靶点发生作用，使这个病毒不能与宿主细胞表面受体相结合，从而使病毒不能侵染宿主细胞。此外球松素还可以切断病毒复制过程进而抑制HSV-1组装及释放。不同时间加入球松素的抗HSV-1实验结果显示，随着加入时间的延长，球松素抗HSV-1活性有所下降，12h后基本达到稳定。而阿昔洛韦的抗病毒活性却随着药物加入时间的延长而一直下降。表明球松素不仅表现出很强的抑制HSV-1复制早期作用，对HSV-1复制晚期也有明显作用。

3. 球松素体外抗HSV-1作用机制研究

原子力显微镜检测HSV-1形态变化的结果显示，球松素首先与HSV-1病毒粒子表面包膜作用，引起包膜脱落，进而进入病毒粒子，损坏衣壳，最终导致病毒失活。流式细胞仪检测细胞周期变化的结果表明，HSV-1可引起Vero细胞G1期阻滞。球松素可抑制HSV-1引起的宿主细胞周期于G1期阻滞，由此可推，球松素可能对引起宿主细胞周期变化的HSV-1中的早期基因表达产物ICP0及ICP27有抑制作用。流式细胞仪检测细胞线粒体膜电位结果显示，HSV-1可引起Vero细胞线粒体膜电位下降，由此可证，HSV-1可引起Vero细胞凋亡。当感染HSV-1的宿主细胞加入球松素后，膜电位有所恢复。证明球松素可能抑制引起宿主细胞膜电位下降的HSV-1表面的gD等结构蛋白与细胞表面受体蛋白接触，从而起到抑制HSV-1的作用。SDS-PAGE检测蛋白质含量的变化结果显示，球松素能明显抑制HSV-1 ICP27蛋白和gD蛋白的合成，却不影响宿主细胞。Western blotting检测gD及ICP27蛋白质含量变化的结果表明，球松素可明显抑制HSV-1 gD蛋白和ICP27蛋白的合成，此抑制方式呈浓度梯度变化。PCR检测HSV-1 UL30 DNA多聚酶变化的结果表明，球松素对病毒基因组DNA UL30有明显的抑制作用，且此抑制作用呈浓度依赖性。

4. 球松素与HSV-1 gD蛋白受体结合部位对接结果

球松素与gD蛋白表面活性腔匹配良好，形成稳定的复合体，最大结合能为-66.11kcal/mol。范德华作用对体系结合的贡献要大于静电作用，其值（比例）为-57.29kcal/mol（86.66%）。球松素与gD蛋白活性腔关键氨基酸残基Leu28、Arg130、Gln132、Pro133、Trp135、Val144、Asp147、Asn148、Gln228和Arg229之间存在较强作用，尤其是Arg130、Pro133、Gln228和Arg229。球松素通过特异性结合gD蛋白的活性氨基酸残基抑制gD蛋白的生物活性。

4.3　木豆活性成分cajanol抗菌活性及作用机制研究

药物的体外抗菌实验是在体外测定微生物对药物的敏感程度的实验，已广泛应用于科研、生产和临床。由此，本研究采用体外抗菌实验常用的琼脂扩散法、微量肉汤稀释法检测微生物对cajanol的敏感程度。根据最小抑菌浓度（MIC）和最小杀菌浓度（MBC）的结果，进行动态杀菌评估，绘制杀菌曲线，可以得到cajanol发挥最佳药效的浓度与时间，为体外抗菌机制的研究奠定基础。

随着抗菌药物的广泛应用，细菌的耐药性问题越来越突出，临床治疗耐药菌感染越来越困难，细菌感染性疾病的发病率和死亡率不断升高。目前，抗生素的抗菌机制主要有4个方向：①干扰蛋白质的合成从而干扰细胞存活所必需的酶的合成；②抑制细菌细胞壁的合成导致细菌细胞破裂死亡；③与细胞膜相互作用而影响膜的渗透性；④抑制核酸的转录和复制阻止细胞分裂和/或所需酶的合成。因此全面评价抗生素候选药的作用机制是十分必要的。

本研究通过流式细胞仪准确评价了cajanol对大肠杆菌和金黄色葡萄球菌的杀菌率，利用蛋黄卵磷脂代替细菌细胞膜的磷脂和Na_3PO_4代替细胞内的磷酸基团去验证cajanol对大肠杆菌和金黄色葡萄球菌细胞内和细胞外作用位点，采用碘化丙啶（PI）和二乙酸荧光素（FDA）双染色观察cajanol对大肠杆菌和金黄色葡萄球菌细菌细胞膜的破坏作用。最后利用SDS-PAGE和琼脂糖凝胶电泳分别检测cajanol作用下大肠杆菌和金黄色葡萄球菌的蛋白质含量变化和DNA裂解作用。全面评价cajanol对大肠杆菌和金黄色葡萄球菌的作用机制，为将来将cajanol开发成为新型药物、辅助药物和食品添加剂提供了实验基础。

4.3.1 实验材料和仪器

1. 菌株

大肠杆菌（*Escherichia coli*，ATCC8739）和金黄色葡萄球菌（*Staphylococcus aureus*，ATCC6538）均购自黑龙江省科学院微生物研究所。

2. 实验材料

试剂	生产厂家
cajanol	实验室自制
营养琼脂培养基	北京奥博星生物技术有限责任公司
营养肉汤	北京奥博星生物技术有限责任公司
0.9%生理盐水	哈尔滨三联药业股份有限公司
PI	美国Sigma公司
FDA	美国Sigma公司
96孔培养板	美国Corning公司
两性霉素B	美国Sigma公司
红霉素	美国Sigma公司
链霉素	美国Sigma公司
青霉素	美国Sigma公司
氯霉素	美国Sigma公司

3. 实验仪器

仪器	型号	生产厂家
CO_2细胞培养箱	E191TC.E191IR	美国SIM公司
电子天平	BS110	美国Sartorius公司
超低温冰箱	MDF-U32V	日本SANYO公司
移液器	Pipetman P2-P1000	法国Gilson公司
生物洁净工作台	DL-CJ-2N	哈尔滨市东联电子技术开发有限公司
高速冷冻离心机	1-15K	德国Sigma公司
电热恒温水槽	DK-8D	上海森信实验仪器有限公司
立式压力蒸汽灭菌器	LDZX-50KBS	上海申安医疗器械厂
恒温鼓风烘干箱	GHX-9080B-1	上海福玛实验设备有限公司
紫外分光光度计	1601型	日本Shimadzu公司

4.3.2　实验方法

1. cajanol抗菌活性初筛

1）抑菌直径的测定

采用琼脂扩散法测定cajanol的抑菌直径。取直径6mm已灭菌的滤纸片，滴加浓度为0.5mg/mL的cajanol 5μL，充分吸收后晾干，备用。将菌液涂布于营养琼脂（细菌）及PDA培养基（霉菌）平板表面。用无菌镊子取滤纸片轻轻贴放于平板表面，每个平板贴3片实验样片，1片无菌生理盐水对照片。将平皿置于37℃（细菌）及28℃（霉菌）恒温箱，细菌培养18～24h观察并测量抑菌直径。实验重复3次，取平均值。

2）cajanol最小抑菌浓度（MIC）与最小杀菌浓度（MBC）的测定

采用二倍稀释法将药液用无菌生理盐水稀释系列浓度，在96孔板上1～10行每孔加100μL不同浓度的药液和100μL菌液，第11行以无菌生理盐水加菌液作为阳性对照，第12行以不加菌液的无菌生理盐水作为阴性对照，以肉眼观察药物最低浓度管中无细菌生长者为该实验药物MIC。将上述未见生长细菌的各孔中的肉汤取10μL接种于营养琼脂平板上，做好标记。以仍无细菌生长的管内药物浓度记为该药的MBC，每个实验重复3次。

3）时间杀菌曲线和浓度杀菌曲线的测定

根据微量肉汤稀释法测出的结果，将cajanol加入LB培养基中，采用二倍稀释法对提取物进行稀释，使cajanol浓度分别为MBC、2×MIC、MIC及空白对照的系列试管培养基，分别加入浓度为$1×10^8$cfu/mL的金黄色葡萄球菌或大肠杆菌，将培养物置于37℃。培养2h、4h、8h、12h、16h、24h后等浓度稀释涂布于LB固体平板上，于37℃下培养24h后进行菌落记数，同一稀释浓度实验进行3次重复。以时间为横坐标，以菌落形成单位（cfu）的对数为纵坐标，绘制cajanol的杀菌曲线。

4）不同pH对提取物抑菌效果的影响

以金黄色葡萄球菌和大肠杆菌为供试菌种，先将LB固体培养基灭菌后，取cajanol加入培养基中配制浓度为MIC，然后用pH计测定酸碱度，并用1mol/L NaOH溶液将培养物分别调节pH为5、6、7、8，将培养物倒平板，取金黄色葡萄球菌和大肠杆菌悬液均匀涂在平板上，以不含cajanol的相同pH的平板作对照实验。在37℃的恒温培养箱中培养24h后，按平板菌落记数法记数，计算抑菌率。抑菌率（%）= (对照组菌落数−提取物平板菌落数)/对照组菌落数×100%。

5）不同温度对提取物抑菌效果的影响

以金黄色葡萄球菌和大肠杆菌为供试菌种，先将LB固体培养基灭菌后，取

cajanol加入培养基中配制浓度为MIC，然后将培养箱温度分别设置为17℃、27℃、37℃、47℃，将培养物倒平板，取金黄色葡萄球菌和大肠杆菌悬液均匀涂在平板上，以不含cajanol的相同pH的平板作对照实验。在37℃的恒温培养箱中培养24h后，按平板菌落记数法记数，计算抑菌率。计算公式同4）。

2. cajanol对大肠杆菌和金黄色葡萄球菌抗菌机制的研究

1）流式细胞仪检测MBC浓度下cajanol对金黄色葡萄球菌和大肠杆菌存活率的影响

选取浓度为MBC的cajanol，选取2h、6h和10h三个时间点进行流式检测。处理细胞后各管中加入配好的PI（100μg/mL）染料各50μL，室温避光放置15min，进行流式分析。

2）蛋黄卵磷脂和磷酸基团对cajanol抗菌作用的影响

（1）蛋黄卵磷脂对cajanol抗菌作用的影响。

将经过蛋黄卵磷脂处理的cajanol加入菌悬液中作为实验组。本实验中要设置两个对照：对照一，将蛋黄卵磷脂溶于乙醇中，分别配制cajanol与蛋黄卵磷脂形成比例为1∶0.2、1∶1和1∶5的溶液；对照二，将蛋黄卵磷脂溶于乙醇中，加入含有菌悬液的液体培养基中。实验组与对照组都在无菌条件下与菌悬液共同培养24h。利用1601型紫外分光光度计在610nm下测定溶液的吸光度。计算出经蛋黄卵磷脂处理和未经蛋黄卵磷脂处理过的cajanol的抑菌率。

（2）磷酸基团对cajanol抗菌作用的影响。

将经过Na_3PO_4溶液处理的cajanol加入菌悬液中作为实验组。本实验中要设置两个对照：对照一，cajanol与Na_3PO_4形成比例为1∶0.2、1∶1和1∶5的溶液；对照二，将Na_3PO_4加入含有菌悬液的液体培养基中。实验组与对照组都在无菌条件下与菌悬液共同培养24h。利用1601型紫外分光光度计610nm下测定溶液的吸光度。计算出经磷酸基团处理和未经磷酸基团处理的cajanol的抑菌率。

（3）荧光显微镜观察cajanol对细菌细胞膜的影响。

将相同计量PI（1mg/mL）和FDA（2mg/mL）混合于一个避光的容器中加入1mL的菌悬液中充分混合，于避光处充分接触15min。利用型号为A XSP-13的荧光显微镜于40×下观察cajanol对金黄色葡萄球菌与大肠杆菌细胞膜完整性的影响。

（4）SDS-PAGE测定。

将电极插头与适当的电极相接，电流流向阳极。将电压调至200V（保持恒压；对于两块0.75mm的凝胶来说，电流开始时为100mA，在电泳结束时应为60mA；对于两块1.5mm的凝胶来说，开始时应为110mA，结束时应为80mA）。对于两块0.75mm的凝胶，染料的前沿迁移至凝胶的底部需30～40min（1.5mm的凝胶则需

40～50min）。关闭电源，拔掉电极插头，取出凝胶玻璃板,小心移动两玻璃板之间的隔片，将其插入两块玻璃板的一角。轻轻撬开玻璃板，凝胶便会贴在其中的一块板上。

3）琼脂糖凝胶电泳测定

（1）金黄色葡萄球菌（大肠杆菌）DNA的提取。

将处理后的金黄色葡萄球菌（大肠杆菌）离心5min，沉淀溶解于0.5mL的细胞裂解缓冲液，加入Tris平衡酚0.5mL，充分混合后，于55℃孵育10min。混合液于9167×g离心10min，取上清液加入等体积的氯仿：异戊醇（24：1）和1/20体积的3mol/L乙酸钠溶液（pH 4.8）。混合液于9167×g离心10min，取上清液加入3倍体积经过冰浴的无水乙醇溶液。经过离心后DNA被分离出来，沉淀于通风环境干燥，溶于TAE缓冲液中于4℃保存待用。

（2）琼脂糖凝胶电泳检测。

按所分离DNA分子的大小范围，称取适量的琼脂糖粉末，放到一锥形瓶中，加入适量的0.5×TBE电泳缓冲液溶化。冷却至60℃左右，在胶液内加入适量的溴化乙锭（EB）至浓度为0.5μg/mL。制胶，加样，电泳。结束后把胶取出，放进0.5μL EB（10mg/mL）溶液中进行10～15min的染色，完全浸泡约30min。利用凝胶成像仪观察成像。

4.3.3　结果与讨论

1. cajanol抗菌活性的研究

1）cajanol对细菌及真菌的MIC和MBC的测定结果

由cajanol对细菌和真菌的MIC及MBC测定结果（表4-7和表4-8）可以看出，相对于真菌，cajanol对细菌具有较好的抑制作用，其中对cajanol最为敏感的菌株分别为表皮葡萄球菌、金黄色葡萄球菌、大肠杆菌，其最小抑菌浓度为0.031 25mg/mL。枯草芽孢杆菌、变形杆菌、绿脓杆菌则对cajanol的敏感性稍差，其最小抑菌浓度为0.0625mg/mL。在cajanol浓度为0.5mg/mL以下时，对白色念珠菌和黑曲霉均无明显抑制作用。

表4-7　cajanol对细菌的最小抑菌浓度（MIC）和最小杀菌浓度（MBC）（mg/mL）

	试剂	Se	Sa	Bs	Ec	Pv	Pa
MIC	cajanol	0.031 25	0.031 25	0.062 5	0.031 25	0.062 5	0.062 5
	青霉素	0.006	0.006	0.001 5	0.001 5	0.001 5	0.001 5
	氯霉素	0.003	0.003	0.007 8	0.007 8	0.062 5	0.062 5
	红霉素	0.001 5	0.001 5	0.125	0.125	0.001 5	0.000 7

续表

	试剂	Se	Sa	Bs	Ec	Pv	Pa
MBC	cajanol	0.5	0.25	0.5	>0.5	>0.5	>0.5
	青霉素	0.5	0.5	0.156 3	0.156 3	1	0.5
	氯霉素	0.062 5	0.25	0.125	>1	0.125	0.25
	红霉素	0.25	0.25	1	1	0.125	0.125

注：Se为表皮葡萄球菌；Sa为金黄色葡萄球菌；Bs为枯草芽孢杆菌；Ec为大肠杆菌；Pv为变形杆菌；Pa为绿脓杆菌

表4-8 cajanol对真菌的最小抑菌浓度（MIC）和最小杀菌浓度（MBC）（mg/mL）

	试剂	白色念珠菌	黑曲霉
MIC	cajanol	>0.5	>0.5
	两性霉素B	0.195	0.780
MBC	cajanol	>0.5	>0.5
	两性霉素B	0.195	0.780

2）抑菌结果

表4-9为cajanol对细菌的抑菌结果。通过抑菌直径的对比，可见cajanol对大肠杆菌、金黄色葡萄球菌具有很强的抑菌活性，其抑菌直径分别为17.0mm±0.5mm和16.0mm±1.0mm。抑菌直径的结果与cajanol对细菌的最小抑菌浓度和最小杀菌浓度的测定相互印证，保证了实验的准确性。

表4-9 cajanol抑菌直径测定（mm）

菌株	抑菌直径
大肠杆菌	17.0±0.5
金黄色葡萄球菌	16.0±1.0

3）动态杀菌结果

由图4-28可知，cajanol作用于大肠杆菌时，MIC的cajanol能使菌液浓度在5h内保持在较低的水平，而后逐渐失去抑菌效果，2×MIC在8h保持较低水平，MBC的cajanol在8h内对细菌有致命的杀伤能力，12h未见细菌生长。cajanol作用于金黄色葡萄球菌时，MIC的cajanol能使菌液浓度在8h内保持在较低水平，2×MIC的浓度在8h保持较低水平，MBC的cajanol在8h内对细菌有致命的杀伤能力，12h未见细菌生长。

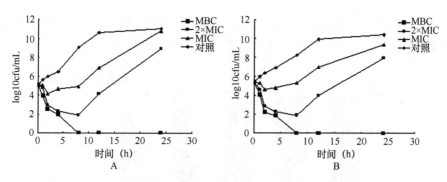

图4-28　cajanol对金黄色葡萄球菌（A）和大肠杆菌（B）的杀菌曲线

4）不同pH对cajanol抑菌效果影响的结果

通过图4-29可知，cajanol在不同pH时作用于金黄色葡萄球菌的抗菌效果并不相同，在pH为7时cajanol对金黄色葡萄球菌的抑制效果最好；其次是pH为6时；而在pH为5、8、9时，cajanol对金黄色葡萄球菌的抑制率分别是90.37%、94.92%和90.24%。cajanol在不同pH时作用于大肠杆菌的抗菌效果与金黄色葡萄球菌相似。通过cajanol在不同pH时作用于金黄色葡萄球菌和大肠杆菌的抗菌效果可知，cajanol在pH为7时可以达到最好的抗菌效果，因此cajanol在体内时可以发挥其最好的抗菌效果。

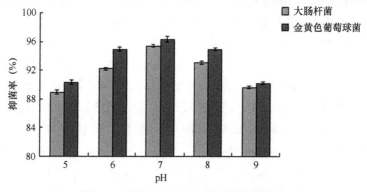

图4-29　不同pH对cajanol抑菌效果的影响

5）不同培养温度对cajanol抑菌效果影响的结果

通过图4-30可知，cajanol在不同培养温度时作用于金黄色葡萄球菌的抗菌效果并不相同，在培养温度为37℃时cajanol对金黄色葡萄球菌的抑制效果最好；其次是培养温度为42℃时；而在培养温度27℃、32℃和47℃时，cajanol对金黄色葡萄球菌的抑制率分别是94.82%、95.28%和95.11%。cajanol在不同培养温度时作用于大肠杆菌的抗菌效果与金黄色葡萄球菌相似。通过cajanol在不同培养温度时作用于金黄色葡萄球菌和大肠杆菌的抗菌效果可知，cajanol在培养温度为27～47℃时对其杀菌效果没有很大影响，因此cajanol在体内时可以发挥其最好的抗菌效果。

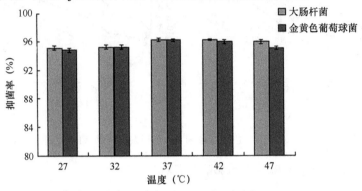

图4-30　不同温度对cajanol抑菌效果的影响

2. cajanol对大肠杆菌和金黄色葡萄球菌抗菌机制的研究

1）流式细胞仪测定结果

流式细胞仪检测经过cajanol作用后的金黄色葡萄球菌和大肠杆菌的存活率，图4-31A、B为MBC的cajanol分别作用于大肠杆菌2h、6h和10h。图4-31C、D为MBC的cajanol分别作用于金黄色葡萄球菌2h、6h和10h。结合图示可知，金黄色葡萄球菌和大肠杆菌的死亡数量与cajanol作用时间呈依赖性相关，cajanol作用时间越长，用PI染色后的金黄色葡萄球菌和大肠杆菌的荧光强度越强，说明死亡的金黄色葡萄球菌和大肠杆菌的数量越多。由于空白对照组未经cajanol作用，流式细胞仪结果显示大部分金黄色葡萄球菌和大肠杆菌处于存活状态，PI的荧光强度很低，随着作用时间的延长，PI的荧光强度逐渐增强，因此菌团由PI荧光强度低的Q3门逐渐移动到PI荧光强度强的Q4门。

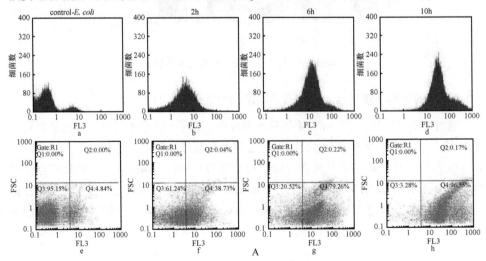

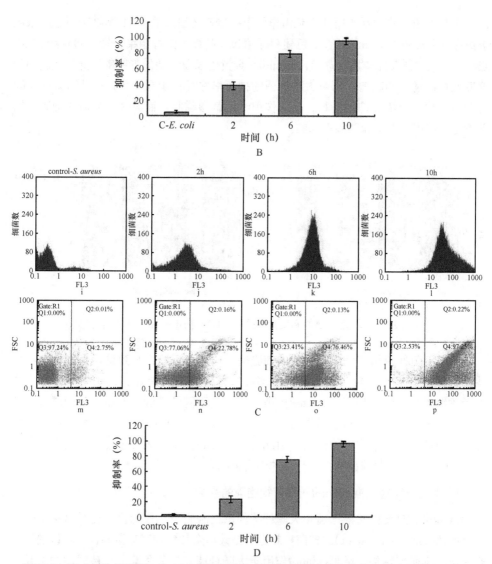

图4-31　流式细胞仪检测cajanol对大肠杆菌和金黄色葡萄球菌抗菌作用随时间的变化趋势
（彩图请扫封底二维码）
图中FSC表示前向散射光

2）蛋黄卵磷脂和磷酸基团对cajanol抗菌作用的影响

实验结果如图4-32A所示，未经磷酸基团处理的cajanol对金黄色葡萄球菌和大肠杆菌的抑菌率分别为89%和92%；当cajanol经磷酸基团处理后，cajanol对金黄色葡萄球菌的抑菌率下降，呈随药物浓度增加而递降的趋势，而对大肠杆菌的抑菌率并没有明显变化，由此可知cajanol对金黄色葡萄球菌的抑制机制之一是作用于磷酸基团，而对大肠杆的抑制作用并不是由作用于磷酸基团引起的。如图4-32B所示，未经蛋黄卵磷脂处理的cajanol对金黄色葡萄球菌和大肠杆菌的抑菌率分别为89%和92%；当cajanol经过蛋黄卵磷脂处理后，cajanol对金黄色葡萄球菌的抑菌率下降，呈随药物浓度增加而递降的趋势，而对大肠杆菌的抑菌率并没有明显变化，由此可知cajanol对金黄色葡萄球菌的抑制机制之一是作用于蛋黄卵磷脂，而对大肠杆菌的抑制作用并不是由作用于蛋黄卵磷脂引起的。

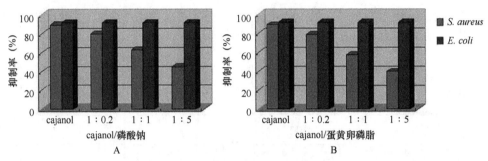

图4-32　磷酸基团（A）和蛋黄卵磷脂（B）对cajanol抗菌作用的影响

　　革兰氏阳性菌和革兰氏阴性菌的细胞壁结构显著不同，导致这两类细菌在染色性、抗原性、毒性、对某些药物的敏感性等方面有很大差异。这也是导致本研究中蛋黄卵磷脂和磷酸基团对cajanol抗菌活性影响不同的原因。利用蛋黄卵磷脂代替膜的磷脂来研究对cajanol抗菌作用细胞外的位点，利用Na₃PO₄代替磷酸基团来研究对cajanol抗菌作用细胞内的位点，由此得到cajanol抗菌的内外位点，从而综合评价cajanol抗金黄色葡萄球菌和大肠杆菌的作用机制。

3）荧光显微镜观察cajanol对细菌细胞膜的影响

　　cajanol对金黄色葡萄球菌和大肠杆菌的菌细胞膜破坏作用由荧光显微镜观察。结果如图4-33所示，cajanol的抑菌机制之一是破坏金黄色葡萄球菌和大肠杆菌的细胞膜。结合本研究结果，随着cajanol作用于大肠杆菌和金黄色葡萄球菌时间的增长，绿色荧光强度的明显降低与红色荧光强度的不断增加证明了cajanol的抑菌机制之一是破坏大肠杆菌和金黄色葡萄球菌的细胞膜完整性，从而杀灭细菌。对于金黄色葡萄球菌而言，cajanol作用于其细胞膜上的卵磷脂。但cajanol对大肠杆菌的抑制作用与卵磷脂和磷酸基团无关，这可能是由于cajanol作用于细菌的多位点性。因此cajanol可能作用到大肠杆菌膜上的其他位点导致了细胞膜的破坏最终抑制了大肠杆菌的生长。

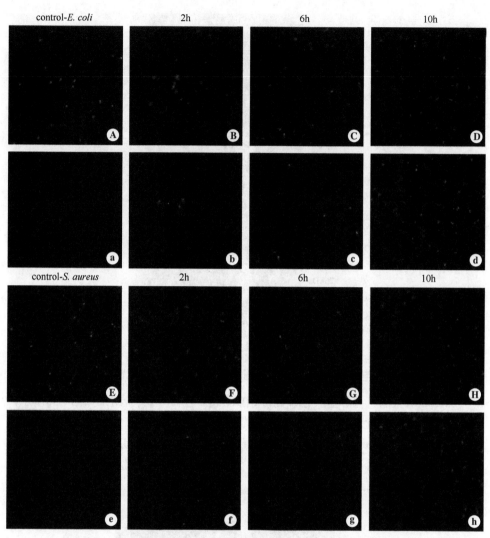

图4-33　荧光显微镜观察cajanol对大肠杆菌和金黄色葡萄球菌膜的影响

（彩图请扫封底二维码）

4）SDS-PAGE检测cajanol对大肠杆菌和金黄色葡萄球菌蛋白质含量的影响

利用SDS-PAGE检测cajanol对大肠杆菌和金黄色葡萄球菌蛋白质含量的影响，结果如图4-34所示，经过cajanol作用后，大肠杆菌和金黄色葡萄球菌蛋白质含量并没有明显变化。这说明cajanol对大肠杆菌和金黄色葡萄球菌的抑菌杀菌作用并不是作用于蛋白质引起的。

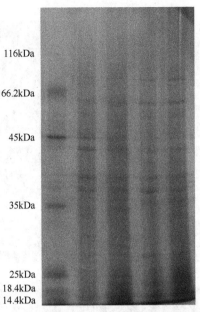

图4-34　SDS-PAGE检测cajanol作用后的大肠杆菌和金黄色葡萄球菌蛋白质含量

（彩图请扫封底二维码）

5）琼脂糖凝胶电泳检测cajanol对大肠杆菌和金黄色葡萄球菌DNA含量的影响

cajanol对大肠杆菌和金黄色葡萄球菌DNA的裂解作用实验结果如图4-35所示，经过cajanol处理后的大肠杆菌和金黄色葡萄球菌DNA（Lane 2、3，Lane 5、6）与未经处理的DNA（Lane 1、4）的分子量明显不同，显示出cajanol对大肠杆菌和金黄色葡萄球菌DNA产生不同程度的裂解作用。由此推断cajanol抑制、杀灭大肠杆菌和金黄色葡萄球菌的机制之一是裂解DNA。

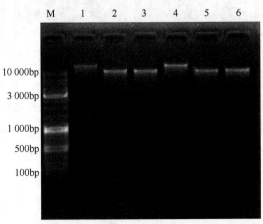

图4-35　cajanol对大肠杆菌和金黄色葡萄球菌DNA的裂解作用

M. Marker对照；1、4. 未经处理的DNA；2、3. 经过cajanol处理后的大肠杆菌DNA；5、6. 经过cajanol处理后的

金黄色葡萄球菌DNA

4.3.4　本节小结

1. cajanol抗菌活性的筛选

通过肉汤稀释法和琼脂糖扩散法研究cajanol抗菌活性。结果表明，cajanol对革兰氏阳性菌和革兰氏阴性菌都有明显的抑制作用，其中敏感菌株为大肠杆菌和金黄色葡萄球菌。并且动态杀菌曲线结果表明浓度为MBC的cajanol对大肠杆菌和金黄色葡萄球菌在10h内可以全部杀灭。在pH为7时对大肠杆菌和金黄色葡萄球菌的抑菌效果最好；在培养温度为37℃时对大肠杆菌和金黄色葡萄球菌的抑菌效果最好。结果表明cajanol最佳抑菌条件pH为7，培养温度为37℃，从而推测其在体内的环境下会有很好的抗菌活性。

2. cajanol对大肠杆菌和金黄色葡萄球菌抗菌机制的研究

采用流式细胞仪研究cajanol对大肠杆菌和金黄色葡萄球菌的抑制作用。确定了cajanol对大肠杆菌和金黄色葡萄球菌具有很好的杀灭作用，呈时间依赖性。采用荧光显微镜和分光光度计研究cajanol对大肠杆菌和金黄色葡萄球菌细胞膜的作用。结果表明，cajanol对大肠杆菌和金黄色葡萄球菌的细胞膜都具有破坏作用，并且随着作用时间的增长，破坏性也增强。cajanol对大肠杆菌作用位点还不明确，但是对金黄色葡萄球菌作用位点是细胞膜上的磷脂和细胞内部的磷酸基团。由此可知cajanol增强大肠杆菌和金黄色葡萄球菌菌膜的通透性是抗菌机制之一。采用SDS-PAGE研究cajanol对大肠杆菌和金黄色葡萄球菌蛋白质含量的影响。结果表明cajanol对大肠杆菌和金黄色葡萄球菌的蛋白质表达并没有明显影响。采用琼脂糖凝胶电泳研究cajanol对大肠杆菌和金黄色葡萄球菌的裂解作用，确定了cajanol导致大肠杆菌和金黄色葡萄球菌DNA裂解，因此确定裂解细菌DNA是cajanol抗菌机制之一。

4.4　木豆根中cajanol参与人前列腺癌细胞中雌激素受体依赖性信号通路激活的研究

前列腺癌对于男性患者是一个主要的癌症疾病（Klein，2002）。人类的前列腺具有雌激素双重系统：雌激素受体α和雌激素受体β，它们对于前列腺癌的发展与控制有重要影响（Bonkhoff et al.，1999）。研究发现，对极速抵抗性前列腺癌患者使用合成的雌激素是有效的，但作用时间与药效有限（Kim JH et al.，2012；Kim JS et al.，2012）。其中糖原蛋白激酶3是PKB/Akt信号的一个靶蛋白（Martin et al.，2005），此糖原蛋白激酶3会因磷酸化而失活。

植物雌激素是从植物中获得的类似于哺乳动物雌激素的化合物，在MCF-7人乳腺癌细胞细胞质植物激素能够通过与雌激素受体直接作用或抑制雌二醇（E2）引起的增殖干涉雌激素的活动。实验证据表明，植物雌激素能够改善性血脂异常，发挥止痛剂的作用、抗高血压、抗精神分裂、抗凝，对呼吸系统有益，并且对男性和女性生殖器有影响。如今，植物雌激素在抗更年期症状和降低与激素相关的疾病发病率方面有一定的潜力，其中对抗乳腺癌和抗前列腺癌的活性引起广大研究者对植物雌激素的兴趣（Al-Azzawi and Wahab，2010）。木豆是与人类健康相关的一种重要植物，它具有广泛的生物活性，包括治疗糖尿病、痢疾、肝炎、麻疹，并作为月经期的一种退热药（Amalraj and Ignacimuthu，1998；Duke and Vásquez，1994）。cajanol是从木豆根中分离出来的一种具有显著生物活性的黄酮类物质。

　　pER8-GFP转基因拟南芥可作为筛选雌激素的激动剂/拮抗剂的模式植物。研究表明，pER8-GFP转基因拟南芥可以携带人雌激素受体，用以响应绿色荧光蛋白（GFP）报告蛋白、17β-雌二醇或可能的拮抗剂。在现在的研究中，pER8-GFP转基因拟南芥系统可以被用于大范围筛选具有雌激素激动剂/拮抗剂的植物提取物。

　　在本研究中，pER8-GFP转基因拟南芥系统被用于筛选有植物雌激素样生物活性的化合物，然后进一步研究与雌激素受体途径相关的抗肿瘤机制。本研究对于了解天然植物雌激素的抗肿瘤机制有重要意义。

4.4.1　实验材料和仪器

1. 实验材料

试剂	生产厂家
cajanol	实验室自制
pER8-GFP小苗	洛克菲勒大学的Chua教授提供
木豆根	长沙景昊生态科技有限公司
PC-3细胞	哈尔滨医科大学提供
MTT	美国Sigma公司
DMSO	美国Sigma公司
0.9%生理盐水	哈尔滨三联药业股份有限公司
DMEM高糖培养液	美国Hyclone公司
胰蛋白酶	美国Gibco公司
EDTA	美国Sigma公司
胎牛血清	天津市灏洋生物制品科技有限责任公司
青霉素、链霉素双抗	美国Hyclone公司
石油醚	天津市天力化学试剂有限公司
乙酸乙酯	天津市天力化学试剂有限公司
正丁醇	天津市天力化学试剂有限公司

2. 实验仪器

仪器	型号	生产厂家
生物洁净工作台	DL-CJ-2N	哈尔滨市东联电子技术开发有限公司
CO_2细胞培养箱	E191TC.E191IR	美国SIM公司
倒置显微镜	TS100	日本Nikon公司
电子天平	3102	沈阳龙腾电子有限公司
流式细胞仪	PAS	德国PARTEC公司
高速冷冻离心机	1-15K	德国Sigma公司
电子天平	BS110	美国Sartorius公司
超纯水系统	Milli-Q	美国Millpore公司
超低温冰箱	MDF-U32V	日本SANYO公司
移液器	Pipetman P2-P1000	法国Gilson公司
立式自动电热压力蒸汽灭菌器	LDZX-40BI	上海申安医疗器械厂
荧光倒置显微镜	TE2000	日本Nikon公司
电动移液器	accu-jet	德国Brand公司
涡旋混匀器	SK- I	江苏省金坛市荣华仪器制造有限公司
金属浴	K20	杭州蓝焰科技有限公司
pH计	PB-21	美国Sartorius公司
电热恒温水槽	DK-8D	上海森信实验仪器有限公司
凝胶电泳系统	Dan Process	美国Amersham公司

4.4.2　实验方法

1. 木豆活性成分的提取分离

用80%乙醇提取木豆根，重复3次。提取物用蒸馏水溶解。分别用石油醚、乙酸乙酯、正丁醇室温下进行萃取，每层萃取3次。与萃余物一起总共得到4个部分。其中，乙酸乙酯层的萃取物用硅胶柱分离得到4种化合物，经鉴定分别为cajanol、染料木素、芹菜素和染料木苷。

2. pER8-GFP报告实验

pER8-GFP转基因拟南芥系统可用于筛选具有植物雌激素活性的化合物。分别添加木豆根总提取物、石油醚萃取部分、乙酸乙酯萃取部分、正丁醇萃取部分和蒸馏水提取部分共同培育pER8-GFP转基因拟南芥小苗。然后用激光扫描共聚焦显微镜观察各组小苗根部的绿色荧光，并用数码相机记录。另外，对于从乙酸乙酯部分分离出来的4种化合物的植物雌激素活性筛选方法同上。

3. 细胞毒性实验

MTT法可用于测定对细胞增殖的抑制作用。将PC-3细胞培养在96孔板使其密度为1×10^4个细胞每板。各种浓度的木豆根提取物和4个从乙酸乙酯部分分离的化合物处理细胞24h、48h和72h后，加入MTT溶液再孵育4h，然后使形成的紫色甲臜结晶溶于DMSO（100μL/孔）。10min后，用酶标仪在570nm波长下检测。以未处理的细胞作为对照，细胞生存率（%）=实验组OD值/对照组OD值×100%。用IC_{50}表示各物质的细胞毒性。

4. 细胞形态学观察

显微镜载玻片放在6孔板中。将PC-3细胞与20μmol/L cajanol在6孔板中培养48h，使用Hoechst 33258进行5min的染色。然后将显微镜载玻片从6孔板中取出。凋亡细胞用荧光倒置显微镜来观察。

5. 流式细胞仪对细胞周期的测定

将PC-3细胞与20μmol/L cajanol在6孔板中培养48h，然后离心收集细胞。将细胞用PBS洗2次，用50mg/mL的4',6-二脒基-2-苯基吲哚（DAPI）孵育。然后通过流式细胞仪对细胞进行周期分析。

6. DNA碎片化测定

将PC-3细胞于6孔板中孵化24h，再分别用10μmol/L、20μmol/L和30μmol/L的cajanol 处理48h，然后对细胞进行离心收集。用DNA试剂盒对PC-3细胞进行总DNA的提取。将总DNA在1%的溴化乙锭染色的琼脂凝胶电泳中分离，在紫外线照明下观察。

7. 细胞凋亡检测

通过annexin V-PI染色法分析凋亡细胞膜外的磷脂酰丝氨酸水平去检测细胞凋亡情况。将PC-3细胞悬浮液分别暴露于不同浓度的cajanol 48h，然后收集细胞并用PBS清洗2遍。然后，用annexin-V和annexin V-FITC/PI染色液重悬细胞团，室温避光作用15min后，用流式细胞仪分析凋亡情况。

8. Western blotting检测细胞内相关蛋白的变化

提取总蛋白或核蛋白，使用BCA法测定裂解后的蛋白质样品浓度。将处理后的样品按1∶1（V/V）与2×SDS凝胶加样缓冲液混合，100℃加热3min，使蛋白质变性；用玻璃微量进样器依次按顺序加样，每孔加入20μL样品。未上样的加样孔中加入1×SDS凝胶加样缓冲液；用注射器将两玻璃板底部间的气泡去除，电泳装置被接通电源（正极接下槽、负极接上槽）后，凝胶所加的电压为8V/cm，溴酚蓝的前沿进入分离胶以后，电压提高到15V/cm，然后继续电泳一直至溴酚蓝能够到达分离胶的底部（约4h），关闭电源；裂解蛋白质样品后半干法转膜。4℃摇动封闭1h，再用TBST缓冲液洗5min，共漂洗3次，进入下一步抗体的孵育。将封闭后得到的硝酸纤维素膜放入加有一抗的平皿中低温低速孵育2h。将上述所用的一抗回收，将硝酸纤维素膜用TBST缓冲液洗5min，共漂洗3次，然后将硝酸纤维素膜放入加有二抗的平皿中低温低速孵育1h。将二抗孵育后的硝酸纤维素膜再用TBST缓冲液洗5min，共漂洗3次。最后进行抗体的显色与记录。

9. 逆转录聚合酶链反应

提取细胞总RNA，然后根据人类基因序列设计引物检测目标基因pS2和Cat-D的转录情况。引物如下：

pS2，F：5′-GCGAAGCTTGGCCACCATGGAGAACAAGG-3′

　　　R：5′-GCGGATCC CGAAC GGTGTCGTCGAA-3′

Cat-D，F：5′-ACAAGTTCACGTCCATCCGCCGG-3′

　　　　R：5′-ATCGAACTTGG CTGCGATGAAGG-3′

产物在1%琼脂凝胶中分离，经溴化乙锭染色后在紫外线照明下观察。

4.4.3　结果与讨论

1. pER8-GFP转基因拟南芥对植物雌激素活性物质的筛选

如图4-36所示，比较木豆根总提取物、石油醚萃取部分、乙酸乙酯萃取部分、n-正丁醇萃取部分和蒸馏水提取部分培育的pER8-GFP转基因拟南芥根部荧光强度，发现乙酸乙酯萃取部分荧光强度最高。进一步分离乙酸乙酯部分得到4种化合物，结构鉴定分别为cajanol、染料木素、芹菜素和染料木苷。这4个化合物中cajanol荧光强度最高，说明这4个物质中cajanol是活性最高的植物雌激素化合物。

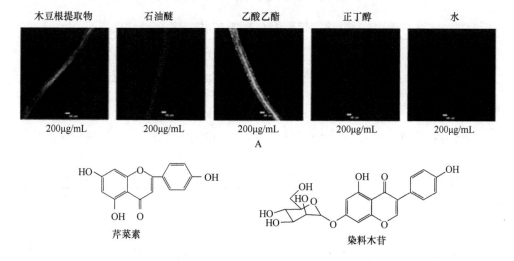

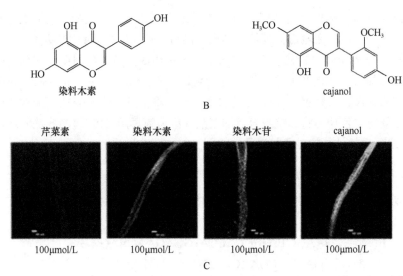

图4-36　木豆根不同提取物及活性成分对绿色荧光蛋白（GFP）表达水平的影响（彩图请扫封底二维码）

A. 木豆根提取物、石油醚、乙酸乙酯、正丁醇和水部分的GFP表达；B. 芹菜素、cajanol、染料木苷和染料木素的分子结构；C. 黄酮类化合物的GFP表达

2. 细胞毒性与凋亡的检测

1）细胞毒性实验

如表4-10所示，木豆根总提取物、石油醚萃取部分、乙酸乙酯萃取部分、正丁醇萃取部分和蒸馏水提取部分在处理时间相同时，乙酸乙酯萃取部分的IC_{50}值最小，说明乙酸乙酯萃取部分对PC-3的细胞毒性最大。同样，如表4-11所示，cajanol、染料木素、芹菜素和染料木苷在处理时间为24h和48h时，cajanol的IC_{50}值最小，说明在处理时间48h以内时，cajanol相比于其他黄酮类成分对PC-3的细胞毒性最大。

表4-10　提取物各部分对PC-3细胞IC_{50}的测定（μg/mL）

样品	体外细胞毒性		
	24h	48h	72h
木豆根总提取物	249.2±0.15	233.5±0.29	220.9±0.37
石油醚萃取部分	267.4±0.47	259.1±0.84	240.3±0.63
乙酸乙酯萃取部分	140.4±0.95	129.3±0.37	106.8±0.57
正丁醇萃取部分	310.5±0.23	297.3±0.11	286.8±0.34
蒸馏水提取部分	372.4±0.14	353.9±0.92	310.3±0.18

表4-11 4种从乙酸乙酯层分离得到的黄酮类成分（芹菜素、cajanol、染料木素和染料木苷）
对PC-3细胞的IC$_{50}$（μg/mL）

样品	体外细胞毒性		
	24h	48h	72h
芹菜素	35.98±0.69	28.86±0.47	24.36±0.12
cajanol	30.11±0.28	26.08±0.35	21.29±0.70
染料木素	32.19±0.52	26.92±0.18	19.87±0.41
染料木苷	119.12±0.41	94.23±0.74	87.96±0.53

2）细胞凋亡实验的检测

由图4-37可见，cajanol可显著引起PC-3细胞的凋亡，并呈浓度依赖性。cajanol显著引起PC-3细胞的碎片化，同样呈浓度依赖性。显微镜观察发现，与未经处理的细胞比较，cajanol显著引起PC-3细胞的形态学改变，细胞核皱缩碎裂，表现出凋亡的典型特征，并呈浓度依赖性。

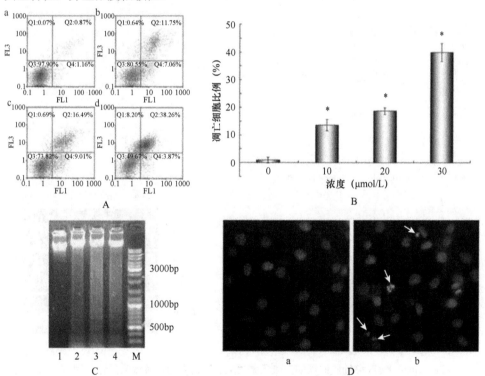

图4-37 cajanol对PC-3细胞凋亡的影响（彩图请扫封底二维码）

A. 使用annexin V-FITC/PI法检测PC-3细胞凋亡；B. 对于A实验重复3次后取平均值后处理的柱状图，*P<0.01，P值为与未经处理的细胞对照组比较；C. 通过DNA碎片法分析评估药物对PC-3细胞凋亡的影响；D. 通过荧光倒置显微镜观察以cajanol处理的PC-3细胞形态

3. cajanol分别对PC-3细胞的周期、雌激素相关蛋白的表达及雌激素受体基因转录的影响

如图4-38A、B所示，cajanol对PC-3细胞的周期分布有显著的影响。在0～30μmol/L浓度范围内，cajanol浓度依赖性使PC-3细胞增加G2/M阶段的分布，减少G1阶段的分布，但对S阶段没有显著影响。如图4-38C所示，cajanol显著地降低雌激素α受体蛋白的表达，呈浓度依赖性递变。对于信号通路相关蛋白的影响为：cajanol处理48h后，PI3K蛋白表达减少，总Akt蛋白表达不变，但是磷酸化Akt蛋白表达明显减少。另外，cajanol处理PC-3细胞使磷酸化GSK-3β蛋白表达明显减少，总GSK-3蛋白表达不变。同时cajanol抑制PC-3细胞CyclinD1的表达。如图4-38D所示，为了检测cajanol对细胞核中雌激素α受体活性的影响，本研究检测了cajanol对雌激素两个靶蛋白Cat-D和pS2的mRNA的影响。结果显示cajanol明显降低Cat-D和pS2的mRNA转录水平。

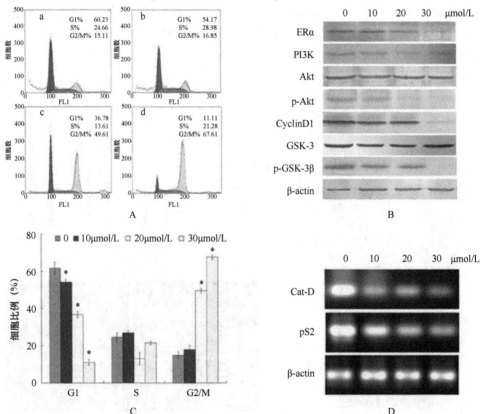

图4-38　cajanol对PC-3细胞的周期、雌激素相关蛋白的表达及雌激素受体基因转录的影响

（彩图请扫封底二维码）

A. 使用不同浓度的cajanol处理PC-3细胞后其细胞周期的分布；B. 对于A实验重复3次后取平均值，将数据整理成柱状图；C. cajanol对PC-3细胞中的与雌激素相关的PI3K路径和相关蛋白表达的影响；D. 逆转录聚合酶链反应检测cajanol对PC-3细胞中Cat-D和pS2的mRNA表达

4.4.4　本节小结

1. pER8-GFP转基因拟南芥对植物雌激素活性物质的筛选

本研究利用pER8-GFP转基因拟南芥系统，通过生物测定与分子模拟研究，从木豆根中分离的化合物中筛选具有植物雌激素效应的天然活性物质。结果表明，在木豆根中分离的cajanol、染料木素、芹菜素和染料木苷这4个化合物中，cajanol的植物雌激素活性最大。

2. cajanol对人前列腺癌细胞抗肿瘤活性的研究

通过流式细胞仪检测PC-3细胞凋亡与细胞周期。结果表明，cajanol显著引起PC-3细胞的凋亡，引起PC-3细胞的碎片化，并呈浓度依赖性。cajanol浓度依赖性地使PC-3细胞增加G2/M阶段的分布，减少G1阶段的分布，但对S阶段没有显著影响。通过Western blotting实验和逆转录聚合酶链反应研究cajanol对PC-3细胞蛋白表达与基因转录的影响。结果表明，cajanol显著地降低雌激素α受体蛋白及相关蛋白PI3K、磷酸化Akt、磷酸化GSK-3β和CyclinD1的表达，呈浓度依赖性递变。以上研究说明，cajanol是一个有效的植物雌激素调节器，具有成为抗前列腺癌治疗药的潜力。

4.5　木豆芪酸通过激活Nrf2依赖性抗氧化途径保护肝细胞的研究

氧化应激是指机体在受到药物、化学物质、重金属物质和电离辐射等各种有害刺激时，机体内自由基的产生和抗氧化防御系统之间的平衡被破坏产生的（Ma，2010）。当细胞内活性氧的产生多于降解时，大量的活性氧会激活一系列自由基反应，随后会损伤细胞内的蛋白质、脂肪、核酸等生物分子，最终引起疾病。动脉粥样硬化、癌症和糖尿病等100多种疾病与活性氧有关。因此，正常机体必须控制活性氧在正常的水平并且时刻预防其过度积累。近年来用抗氧化剂来治疗这些活性氧相关的疾病取得了相当大的成功。

随着在氧化应激环境下的适应，大多数细胞具有通过较为复杂的机制来抵御氧化反应引起的毒性的能力。其中，诱导抗氧化酶来提高细胞内活性氧的清除率，在保持氧化还原平衡和减少氧化损伤中扮演了重要的角色。这些抗氧化酶包括醌氧化还原酶1（NQO1）、血红素氧化酶-1（HO-1）、谷氨酸半胱氨酸连接酶（GCL）、谷胱甘肽还原酶（GR）、谷胱甘肽合成酶（GS）、谷胱甘肽过氧化物酶（GPX）、过氧化氢酶（CAT）等。研究表明这些抗氧化酶都是受顺式作用元件——抗氧化反应元件（ARE）和核因子E2相关因子2（Nrf2）的调控。

木豆已经被证明对糖尿病、痢疾、肝炎、麻疹和经期发烧有显著的生物活性，同时，木豆还具有良好的抗炎、抗菌、镇痛和抑制毛细血管渗透等作用。近年来，从植物中寻找抗氧化剂引起了研究学者的广泛兴趣。然而，关于野生植物抗氧化特性的科学研究仍然很稀少。木豆芪酸（CSA）是从木豆中分离并且化学结构已经被鉴定的化合物。前期实验我们初步研究了CSA的抗氧化性质，本研究旨在探讨CSA通过介导Nrf2依赖的抗氧化途径对细胞的保护作用。

4.5.1　实验材料和仪器

1. 实验材料

试剂	生产厂家
CSA	实验室自制
HepG2细胞	哈尔滨医科大学
MTT	美国Sigma公司
DMSO	美国Sigma公司
0.9%生理盐水	哈尔滨三联药业股份有限公司
DMEM高糖培养液	美国Hyclone公司
胰蛋白酶	美国Gibco公司
EDTA	美国Sigma公司
胎牛血清	天津市灏洋生物制品科技有限责任公司
青霉素、链霉素双抗	美国Hyclone公司
封口膜	美国 PARAFILM 公司
BCA 蛋白浓度测定试剂盒	碧云天生物技术研究所
Tris	美国 Sigma 公司
甘氨酸	美国 Sigma 公司
SDS	美国 Sigma 公司
吐温 20	碧云天生物技术研究所
无水甲醇（分析纯）	天津市东丽区天大化工试剂厂
PVDF 膜	美国 Millpore 公司
3MM 滤纸	英国 Whatman 公司
鼠源 β-actin 一抗	碧云天生物技术研究所

2. 实验仪器

仪器	型号	生产厂家
生物洁净工作台	DL-CJ-2N	哈尔滨市东联电子技术开发有限公司
CO_2细胞培养箱	E191TC.E191IR	美国SIM公司
倒置显微镜	TS100	日本Nikon公司

电子天平	3102	沈阳龙腾电子有限公司
流式细胞仪	PAS	德国PARTEC公司
凝胶成像仪	ImageMaster VDS-CL	美国Pharmacia公司
高速冷冻离心机	1-15K	德国Sigma公司
电子天平	BS110	美国Sartorius公司
超纯水系统	Milli-Q	美国Millpore公司
超低温冰箱	MDF-U32V	日本SANYO公司
移液器	Pipetman P2-P1000	法国Gilson公司
立式自动电热压力蒸汽灭菌器	LDZX-40B	上海申安医疗器械厂
荧光倒置显微镜	TE2000	日本Nikon公司
电动移液器	accu-jet	德国Brand公司
涡旋混匀器	SK-Ⅰ	江苏省金坛市荣华仪器制造有限公司
金属浴	K20	杭州蓝焰科技有限公司
pH计	PB-21	美国Sartorius公司
电热恒温水槽	DK-8D	上海森信实验仪器有限公司
凝胶电泳系统	Dan Process	美国Amersham公司
酶标仪	INFINITE 200 PRO	瑞士Tecan公司

4.5.2　实验方法

1. 细胞毒性实验

采用MTT法测定CSA对细胞增殖的抑制作用。将指数增长阶段的HepG2细胞培养在96孔板中，使其密度为1×10^6个细胞/mL。CSA（$0.78 \sim 50 \mu mol/L$）处理细胞48h后，加入MTT溶液再孵育4h，然后使形成的紫色甲臜结晶溶于DMSO中（$100 \mu L$/孔）。10min后，用酶标仪在570nm波长下检测溶液的吸光度。以未处理的细胞作为对照，细胞生存率（%）= 实验组OD值/对照组OD值×100%。用LD_{50}表示CSA对HepG2细胞的毒性。

2. 细胞凋亡检测

通过annexin V-PI染色法分析凋亡细胞膜外的磷脂酰丝氨酸水平去检测细胞凋亡情况。单一细胞悬浮液暴露于不同浓度的CSA 48h，然后收集细胞并用PBS清洗2遍。然后用annexin-V和annexin V-FITC/PI染色液重悬细胞团，室温避光作用15min后，用流式细胞仪分析凋亡情况。

3. 活性氧检测

采用流式细胞仪技术通过DCFH-DA标记法检测活性氧的产生。首先用$100 \mu mol/L$

H_2O_2处理HepG2细胞，然后将其孵育在含有50μmol/L葡萄糖的PBS中，其中实验组中还含有不同浓度的CSA（0.05μmol/L、0.1μmol/L和0.5μmol/L）。最后在37℃环境中与10μmol/L的DCFH-DA染色液反应30min。DCFH-DA本身没有荧光，可以自由穿过细胞膜。进入细胞后被细胞内的非特异性酯酶水解生成DCFH，细胞内的活性氧氧化无荧光的DCFH生成有荧光的DCF。用流式细胞仪检测荧光强度，绿色荧光强度与活性氧的水平成正比。

4. Western blotting检测细胞内相关蛋白的变化

首先提取总蛋白或核蛋白，使用BCA法测定裂解后的蛋白质样品浓度。将处理后的样品按1∶1（V/V）与2×SDS凝胶加样缓冲液混合，100℃加热3min，使蛋白质变性；然后用玻璃微量进样器依次按顺序加样，每孔加入20μL样品。未上样的加样孔中加入1×SDS凝胶加样缓冲液；用注射器将两玻璃板底部间的气泡去除，接通电泳装置（正极接下槽、负极接上槽），凝胶所加的电压为8V/cm，当溴酚蓝的前沿进入分离胶以后，电压提高到15V/cm，然后继续电泳一直至溴酚蓝能够到达分离胶的底部（约4h），关闭电源；裂解蛋白质样品后使用半干法转膜。4℃摇动封闭1h，再用TBST缓冲液洗5min，共漂洗3次，进入下一步抗体的孵育。将封闭后得到的硝酸纤维素膜放入加有一抗的平皿中低温低速孵育2h。之后将上述所用的一抗回收，用TBST缓冲液将硝酸纤维素膜漂洗5min，共漂洗3次，然后将硝酸纤维素膜放入加有二抗的平皿中低温低速孵育1h。二抗孵育后的硝酸纤维素膜再用TBST缓冲液洗5min，共漂洗3次。最后进行抗体的显色与记录。

5. 转染干扰小RNA（siRNA）

对于小RNA基因沉默实验，用X-treme GENE siRNA转染试剂将Nrf2特异性siRNA或对照siRNA转染到HepG2细胞。Nrf2特异性siRNA和对照siRNA序列如下：人类Nrf2，CAAACAGAAUGGUCCUAAA；对照，GAUCAUACGUGCGAUCAGA。在24h后，用CSA对这些细胞进行处理，然后接受Western blotting分析。

6. 谷胱甘肽的检测

将HepG2细胞培养在6孔板中，密度为$5.0×10^4$个细胞/板，孵育24h。然后用不同浓度的CSA（0.05μmol/L、0.1μmol/L和0.5μmol/L）处理细胞，48h后进行细胞内的谷胱甘肽水平检测。将收集和溶解后的细胞转移到含磺基水杨酸的管道中。通过5,5′-二硫代双(2-硝基苯甲酸)（DTNB）的转化来测定使其变色的产物，通过依赖谷胱甘肽还原酶减少的谷胱甘肽来测定谷胱甘肽含量。

7. 转染与萤光素酶报告基因检测

构建含有ARE报告基因的载体，转染到HepG2细胞中。经过CSA或相应抑制剂孵育后，检测不同组的荧光强度，荧光强度与ARE表达量成正相关。

4.5.3　结果与讨论

1. CSA对HepG2细胞的凋亡与细胞内活性氧水平的影响

1）CSA对HepG2细胞毒性的测定

CSA低浓度时对HepG2细胞没有毒性。如图4-39所示，与未经处理的细胞比较，0.05μmol/L、0.1μmol/L和0.5μmol/L的CSA处理HepG2细胞后生存率在90%以上，没有引起细胞凋亡，这说明相应低浓度的CSA对细胞没有毒性，可以进一步进行其他方面的研究。

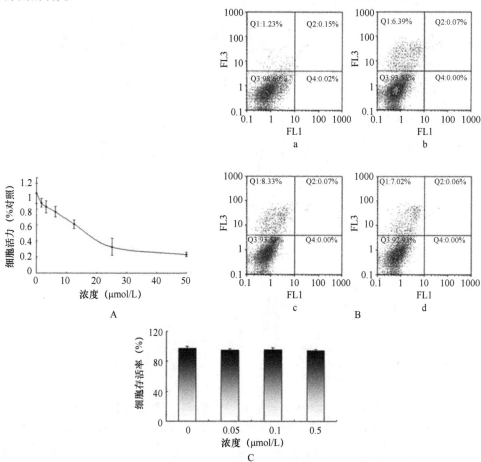

图4-39　CSA对HepG2细胞的影响（彩图请扫封底二维码）

A. MTT法检测不同浓度CSA对HepG2细胞存活率的影响，"%对照"表示以不加药的细胞对照作为100%，不同处理细胞活力占对照组的百分比；B. 凋亡细胞数量的统计，FITC/PI染料对CSA诱导的HepG2细胞凋亡染色后，流式细胞仪的分析结果；C.对CSA诱导HepG2细胞凋亡结果的数据统计

2）CSA对细胞内活性氧水平的影响

如图4-40所示，细胞只受H_2O_2处理时标准活性氧的荧光强度是59.44%±1.92%，分别用0.05μmol/L、0.1μmol/L和0.5μmol/L的CSA处理HepG2细胞，相应的荧光强度分别减少到26.90%±2.18%、18.17%±1.09%和13.01%±2.39%。CSA显著降低细胞内活性氧的水平。

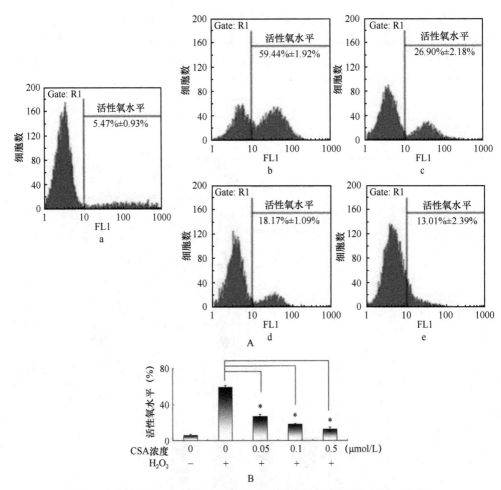

图4-40　CSA对HepG2细胞内活性氧水平的影响（彩图请扫封底二维码）

A. CSA对HepG2细胞内ROS形成的影响，a为0μmol/L H_2O_2+0μmol/L CSA处理，b为100μmol/L H_2O_2+0μmol/L CSA处理，c为100μmol/L H_2O_2+0.05μmol/L CSA处理，d为100μmol/L H_2O_2+0.1μmol/L CSA处理，e为100μmol/L H_2O_2+0.5μmol/L CSA处理；B. 对A中结果的统计图，*P<0.01，P值为与"0μmol/L H_2O_2+0μmol/L CSA处理"组比较

2. CSA对HepG2细胞的Nrf2核转移及相关蛋白的影响

如图4-41A、B所示，CSA明显促进HepG2细胞的Nrf2核转移，并且显著促

进HO-1、NQO1、半胱氨酸连接酶催化亚基（GCLC）和谷氨酸半胱氨酸连接酶
（GCLM）的表达。Nrf2表达在细胞中沉默，与siRNA对照转染的细胞相比，siRNA-
Nrf2 RNA转染的细胞与Nrf2表达显著相关，见图4-41C。如图4-41D所示，si-Nrf2
RNA显著抑制CSA增强的GCLC、GCLM、NQO1和HO-1蛋白水平，而siRNA对照没
有抑制这些蛋白质的表达水平。谷胱甘肽（GSH）氧化还原系统可以保护细胞免受
氧化损伤。如图4-41E所示，CSA显著增加剂量依赖性GSH水平。

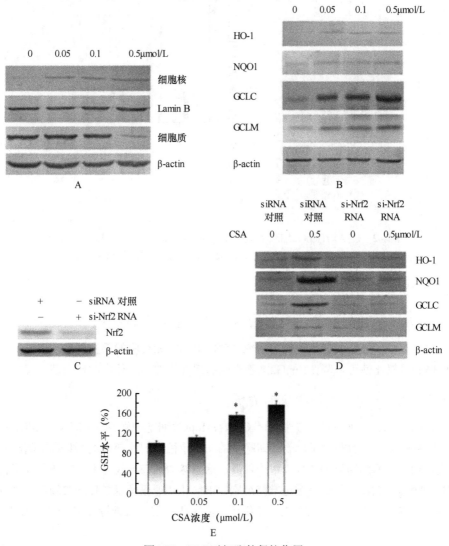

图4-41　Nrf2对细胞的保护作用

A. 通过Western blotting技术分析CSA对HepG2细胞的Nrf2核转移；B. 培养的HepG2细胞中GCLC、GCLM、NQO1
和HO-1的表达的Western blotting分析；C. Western blotting方法评估一种特定Nrf2小RNA和密码小RNA转染HepG2
细胞的沉默能力；D. 在Si-Nrf2对HepG2细胞转染后对GCLC、GCLM、NQO1和HO-1的测定；E. HepG2细胞内的
谷胱甘肽水平

3. CSA对HepG2细胞Nrf激活机制的研究

如图4-42所示，CSA治疗增强了信号成分的磷酸化依赖性激活，如PI3K/Akt、ERK和JNK。因此得出结论，CSA激活PI3K/Akt、ERK和JNK信号通路，进而增强Nrf2核易位和激活。

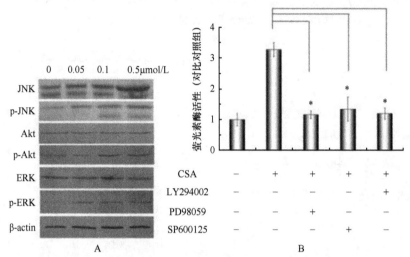

图4-42　CSA对HepG2细胞Nrf激活机制的研究（彩图请扫封底二维码）
A. CSA对HepG2细胞Akt、ERK和JNK信号通路的影响；B. CSA对PI3K/Akt、ERK和JNK蛋白的影响

4.5.4　本节小结

1. CSA对HepG2细胞的凋亡与细胞内活性氧水平的影响

本研究以木豆中的CSA为例，研究了CSA对HepG2细胞的保护作用，研究结果表明CSA的抗氧化性可以降低HepG2细胞产生的活性氧并清除体内的自由基。

2. CSA对HepG2细胞保护机制的研究

CSA对HepG2细胞的保护机制是CSA在HepG2细胞中激活了ERK、PI3K/Akt和JNK信号通路，从而激活了HepG2细胞中的Nrf2途径。细胞核内的Nrf2水平随浓度梯度逐渐增加，而细胞质中的Nrf2水平降低，这意味着Nrf2可能是主要的转录因子去调控Ⅱ期酶的表达。并且CSA通过维持细胞GSH氧化还原平衡保护HepG2细胞免受氧化应激的影响。主要通过从头合成、氧化还原循环和跨膜转运维持细胞内GSH水平。

4.6　本章小结

木豆植物化学成分复杂，药理活性多样，我们在对木豆中成分进行活性筛选和研究的过程中，发现木豆中的多种成分均表现出良好的生物活性，并且其研究的活性成分主要集中在黄酮类和芪类化合物。本章以木豆中的活性成分（黄酮类和芪类）为例，分别研究了几种代表性物质在抗病毒、抗菌、抗肿瘤和抗氧化方面的活性及作用机制。研究表明，球松素有抗单纯疱疹病毒Ⅰ型（HSV-1）活性、cajanol对大肠杆菌和金黄色葡萄球菌有显著的抗菌活性并且对前列腺癌有抗肿瘤活性、木豆芪酸对肝细胞有氧化保护活性。综上所述，木豆为一种具有多种药理活性的天然植物，木豆中的活性成分有开发成植物新药的潜力，值得深入研究和开发利用。

参 考 文 献

阿里木帕塔尔, 左日古丽玉素甫. 2009. 不同染色体倍数的生姜提取物抗菌活性研究. 食品科学, 30(17): 120-122.

葛金玲, 贺冰, 袁静, 等. 2007. IL-18基因佐剂协同 HSV-1 gB DNA疫苗免疫诱导的特异性免疫应答. 中国免疫学杂志, 23(4): 317-319.

金宁, 梁金珠, 杨琳, 等. 2007. 单纯疱疹病毒 Ⅰ, Ⅱ 型感染的临床和实验诊断研究. 中国艾滋病性病, 13(3): 248-249.

李一青, 高旭红, 李铭刚, 等. 2004. 天然源抗肿瘤药物研发的一些进展. 中国抗生素杂志, 29(10): 636-640.

李永军, 张瑞, 王鑫, 等. 2011. 白藜芦醇对皮肤癣菌抗菌活性的实验研究. 中国全科医学, (8): 892-893.

刘军锋, 丁泽, 欧阳艳, 等. 2011. 苦豆子生物碱抗菌活性的测定. 北京化工大学学报(自然科学版), 38(2): 84-88.

刘强, 王亚强, 许培仁, 等. 2011. 儿茶素类对 h-VRS 的体外抗菌活性研究. 中国抗生素杂志, 36(7): 557-560.

刘彦慧, 何永明, 宋娟, 等. 2008. 自然流产孕妇外周血染色体着丝粒点变异与单纯疱疹病毒感染的关系研究. 国际检验医学杂志, 29(4): 300-302.

吴海芬, 叶玉娣. 2012. 鱼腥草素抗菌活性的实验研究. 中国中医药科技, (05): 418-419.

吴轶青. 1996. 使用天然抗菌化合物保护作物. 农药译丛, 18(3): 9-12.

于红, 吕锐, 张文卿. 2006. 螺旋藻多糖抗单纯疱疹病毒作用的实验研究. 天然产物研究与开发, 18(6): 937-941.

于腾飞. 2009. 天然药物中抗氧化成分研究进展. 中国中医药信息杂志, 16(7): 106-109.

余思逊. 2009. γ 射线诱导细胞的旁观者效应与对 tBHP 影响的抗氧化酶谱反应性研究. 第四军医大学硕士学位论文.

俞苏蒙, 叶晓波, 邢云卿, 等. 2010. 新入伍人群单纯疱疹病毒 Ⅰ 型血清抗体检测分析. 中国皮肤性病学杂志, (3): 225-226.

Al-Azzawi F, Wahab M. 2010. Effectiveness of phytoestrogens in climacteric medicine. Annals of the New York Academy of Sciences, 1205(1): 262-267.

Amalraj T, Ignacimuthu S. 1998. Hypoglycemic activity of Cajanus cajan (seeds) in mice. Indian Journal of Experimental Biology, 36(10): 1032-1033.

Bonkhoff H, Fixemer T, Hunsicker I, et al. 1999. Estrogen receptor expression in prostate cancer and premalignant prostatic lesions. The American Journal of Pathology, 155(2): 641-647.

Chambers HF, DeLeo FR. 2009. Waves of resistance: Staphylococcus aureus in the antibiotic era. Nature Reviews Microbiology, 7(9): 629-641.

Cragg GM, Grothaus PG, Newman DJ. 2009. Impact of natural products on developing new anti-cancer agents. Chemical Reviews, 109(7): 3012-3043.

Cui M, Zhang Y, Liu S, et al. 2011. 1-oxoeudesm-11(13)-ene-12,8α-lactone-induced apoptosis via ROS generation and mitochondria activation in MCF-7 cells. Archives of Pharmacal Research, 34(8): 1323-1329.

Duke J, Vásquez RV. 1994. Amazonian Ethnobotanical Dictionary. Boca Raton: CRC Press.

Gorwitz RJ, Kruszon-Moran D, McAllister SK, et al. 2008. Changes in the prevalence of nasal colonization with Staphylococcus aureus in the United States, 2001-2004. Journal of Infectious Diseases, 197(9): 1226-1234.

Hardy WR, Sandri-Goldin RM. 1994. Herpes simplex virus inhibits host cell splicing, and regulatory protein ICP27 is required for this effect. Journal of Virology, 68(12): 7790-7799.

Hsu HF, Houng JY, Kuo CF, et al. 2008. Glossogin, a novel phenylpropanoid from *Glossogyne tenuifolia*, induced apoptosis in A549 lung cancer cells. Food and Chemical Toxicology, 46(12): 3785-3791.

Kim JH, Park DK, Lee CH, et al. 2012. A new isoflavone glycitein 7-*O*-beta-D-glucoside 4″-*O*-methylate, isolated from *Cordyceps militaris* grown on germinated soybeans extract, inhibits EGF‐induced mucus hypersecretion in the human lung mucoepidermoid cells. Phytotherapy Research, 26(12): 1807-1812.

Kim JS, Heo K, Yi JM, et al. 2012. Genistein mitigates radiation-induced testicular injury. Phytotherapy Research, 26(8): 1119-1125.

Klein EA. 2002. Opportunities for prevention of prostate cancer: Genetics, chemoprevention, and dietary intervention. Reviews in Urology, 4(Suppl 5): S18.

Luo M, Reed R. 1999. Splicing is required for rapid and efficient mRNA export in metazoans. Proceedings of the National Academy of Sciences, 96(26): 14937-14942.

Lyu SY, Rhim JY, Park WB. 2005. Antiherpetic activities of flavonoids against herpes simplex virus type 1 (HSV-1) and type 2 (HSV-2) *in vitro*. Archives of Pharmacal Research, 28(11): 1293-1301.

Ma Q. 2010. Transcriptional responses to oxidative stress: Pathological and toxicological implications. Pharmacology & Therapeutics, 125(3): 376-393.

Martin M, Rehani K, Jope RS, et al. 2005. Toll-like receptor-mediated cytokine production is differentially regulated by glycogen synthase kinase 3. Nature Immunology, 6(8): 777-784.

Ningappa MB, Dinesha R, Srinivas L. 2008. Antioxidant and free radical scavenging activities of polyphenol-enriched curry leaf (*Murraya koenigii* L.) extracts. Food Chemistry, 106(2): 720-728.

Presterl E, Zwick RH, Reichmann S, et al. 2003. Frequency and virulence properties of diarrheagenic *Escherichia coli* in children with diarrhea in Gabon. The American Journal of Tropical Medicine and Hygiene, 69(4): 406-410.

Sandri-Goldin RM. 1998. ICP27 mediates HSV RNA export by shuttling through a leucine-rich nuclear export signal and binding viral intronless RNAs through an RGG motif. Genes & Development, 12(6): 868-879.

Sarantuya J, Nishi J, Wakimoto N, et al. 2004. Typical enteroaggregative *Escherichia coli* is the most prevalent pathotype among *E. coli* strains causing diarrhea in Mongolian children. Journal of Clinical Microbiology, 42(1): 133-139.

Shoeb M. 2006. Anticancer agents from medicinal plants. Bangladesh Journal of Pharmacology, 1(2): 35-41.

Siddique T, Okeke BC, Arshad M, et al. 2003. Enrichment and isolation of endosulfan-degrading microorganisms. Journal of Environmental Quality, 32(1): 47-54.

Vuorela P, Leinonen M, Saikku P, et al. 2004. Natural products in the process of finding new drug candidates. Current Medicinal Chemistry, 11(11): 1375-1389.

第5章　木豆功能产品的开发

5.1　引　　言

木豆全身是宝，其种子是世界第六大食用豆类，并且根、茎、叶、花和果实均可入药，其医药价值与保健功能受到很多国家民间和医药界的重视。我国学者采用不同的方法对木豆进行了全面而系统的研究，发现其所含物质中主要的有效成分为黄酮类化合物（flavonoids）和芪类化合物（stilbenes），具有抗氧化、抗过敏、消炎、抗菌、抗病毒、抗肿瘤、提高免疫力和清除人体内自由基等作用。

木豆种子含蛋白质约20%、淀粉约55%，含人体必需的8种氨基酸，还含有维生素B_1、维生素B_2、胡萝卜素及钙、磷、镁、铁、钾等矿质元素，淀粉含量相对其他豆类较高，是以禾谷类为主食的人类最理想的补充食品之一。相比于黄豆，木豆种子所含脂肪较低、碳水化合物较高。从蛋白质的品质方面来看，虽然蛋白质总含量不及黄豆，但人体所需必需氨基酸丰富，其中苯丙氨酸（g/16g氮，以下单位同）、赖氨酸的含量远远超过黄豆，缬氨酸和色氨酸含量与黄豆接近。根据用限制氨基酸来决定蛋白质生理价值的方法，杨光圻等（1956）计算出食物限制氨基酸中豆类为甲硫氨酸，木豆蛋白中甲硫氨酸含量为1.37，明显高于黄豆的1.06，说明木豆蛋白的品质要优于黄豆。总之，木豆所含营养物质丰富而齐全，开发木豆相关产品必将拥有很好的发展前景。

纳豆（natto）起源于中国，与发酵豆、怪味豆类似，现为日本民间常见食品，具有悠久的历史（Murooka and Yamshita，2008）。古书记载我国自秦汉以来出现纳豆，雏形为豆豉，而后在唐朝时期由高僧鉴真和尚东渡日本传经时将豆豉和豆豉制作技术传入日本，发展至今（谭周进等，2003）。纳豆具有独特的风味和黏性，并且营养丰富，具有溶血栓、抗肿瘤、降血压等多种生理功效，是当今国际研究的热点（Sumi et al.，1987）。相比于黄豆来说，木豆种子含有非常丰富的淀粉和蛋白质，油脂少，碳源和氮源的比例大约为5∶1，更利于发酵菌体的生长和代谢，生产木豆发酵制品。

随着人们生活、饮食习惯的改变，血栓性疾病已成为一类严重危害人类健康和生命的疾病，其发病率、致残率和死亡率都很高。目前市场上各类溶栓降脂类药物琳琅满目，但治愈效果不堪预期，长期服用会引起人体的耐药性，以致治疗效果下降、医疗消费随之升高。纳豆作为唯一的具有辅助治疗血栓性疾病、安全无毒的药食同源保健功能食品，其相关工艺的深入研究对于帮助人们解决血栓性疾病问题至关重要。

　　传统的纳豆采用黄豆进行发酵，原料比较单一，且固体发酵效率不高。本章拟采用唯一的木本食用经济作物木豆种子为原料，利用先进的固定化菌液体发酵技术，实现高活力、高效率的发酵木豆种子生产。相比于黄豆，木豆种子淀粉含量高、脂肪含量低，更适于微生物生长，且能引入更多营养成分和活性物质，增加产品的保健性能；而固定化微生物技术可以为发酵实现大规模连续化生产提供有利的途径，比起游离菌，固定化菌具有可回收再利用、稳定性强、易于控制等特点，可提高生产效率、降低成本，将其应用于纳豆制品的研制必定带来新的市场发展前景，也为纳豆制品的深加工利用开辟出新的途径。

5.2　纳豆粉制剂的研究

5.2.1　实验材料和仪器

1. 实验材料

试剂	规格	产地 / 生产厂家
木豆	食用	2013 年，海南
纳豆菌	1A752	黑龙江省科学院微生物研究所菌种保藏中心
麦芽糊精	食用级	沈阳兴发万盛商贸有限公司
木糖醇	食用级	唐传生物科技有限公司
阿斯巴甜	食用级	沈阳兴发万盛商贸有限公司
盐	食用级	中盐宏博（集团）有限公司
海藻酸钠	分析纯	天津博迪化工股份有限公司
氯化钙	分析纯	汕头市西陇化工厂

2. 实验仪器

仪器	型号	生产厂家
分析天平	BT25S	北京赛多利斯仪器系统有限公司
恒温鼓风干燥箱	DHG-9145A	上海一恒科学仪器有限公司
恒温振荡培养箱	HZQ-F160	哈尔滨市东联电子技术开发有限公司
立式压力蒸汽灭菌器	LDZX-50KBS	上海申安医疗器械厂
超声波清洗器	KQ-250B	昆山市超声仪器有限公司
流式超微超细粉碎机	AK-98	温岭市奥力中药机械有限公司
脱皮机		实验室自制

5.2.2　实验方法

1.纳豆粉的加工工艺

1）纳豆粉的工艺流程

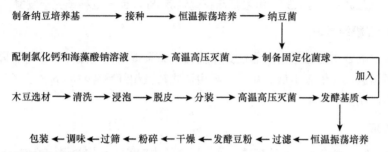

2）纳豆菌种的制备

液体培养基：取1L蒸馏水置于电炉上加热，待水温热后，准确称取牛肉膏、酵母膏、葡萄糖和氯化钠各5g，蛋白胨10g加入其中，边加边搅拌使其混合均匀；煮沸培养基30min，加入氢氧化钠溶液调节pH为7左右；停止加入，定容至1L，分装到锥形瓶后高温高压灭菌20min备用。

固体培养基：取1L蒸馏水置于电炉上加热，待水温热后，准确称取牛肉膏、酵母膏、葡萄糖和氯化钠各5g，蛋白胨10g，琼脂20g加入其中，边加边搅拌使其混合均匀；煮沸培养基30min，加入氢氧化钠溶液调节pH为7左右；停止加入，定容至1L，分装到锥形瓶后高温高压灭菌20min备用。

3）选材与清洗

选取无虫蚀、质地较硬、无霉变、无机械伤的新鲜木豆种子为实验原料，清水洗去表面上的灰尘与泥土。

4）脱皮

将干净的木豆种子用蒸馏水浸泡12h，使种子充分吸水。利用自制的脱皮机将木豆种子种皮去掉。

5）发酵基质的制备

用500mL锥形瓶分装脱皮后的木豆种子，每瓶30g，加入300mL 蒸馏水，高温高压下灭菌40min，自然冷却，备用。

6）固定化菌球的制备

取处于生长对数期中期的纳豆菌液体培养基3mL，加入浓度为5%的海藻酸钠溶液6mL混合均匀，用注射器量取混合溶液滴入浓度为2.5%的氯化钙溶液中，氯化钙溶液置于磁力搅拌器上，边滴加边迅速搅动，形成形状完好的菌球后常温静置2h，再用蒸馏水冲洗3次，得到干净的固定化菌球（María et al.，2013）。

7）发酵

将静置后的小球用灭菌水清洗2～3次，用无菌纱布和灭菌绳包裹捆扎，放入准备好的发酵基质中，送入37℃恒温摇床振荡培养48h，使木豆种子完全发酵。

8）纳豆粉的制备

发酵结束后滤出菌球包，通过真空抽滤分离余下固体和液体部分，将固体发酵豆送入恒温鼓风干燥箱中低温烘干，再用流式超微超细粉碎机将固体豆子打碎，过150目筛后备用。

9）调味

向上述纳豆粉中加入麦芽糊精、阿斯巴甜、木糖醇、食用盐调配均匀。

10）包装

按照不同需要选择不同材质的包装分装调配好的纳豆粉即成品。

2. 纳豆粉的最佳配方

1）单因素实验

采用单因素实验研究木糖醇添加量、食用盐添加量、阿斯巴甜添加量、麦芽糊精比例对成品的影响，确定纳豆粉的最佳配方范围。

2）正交实验

在单因素实验的基础上，以木糖醇添加量、食用盐添加量、阿斯巴甜添加量及麦芽糊精比例为实验因素，根据正交实验设计原理，采用4因素3水平实验确定纳豆粉的最佳配方，正交实验因素水平表见表5-1。

表5-1　正交实验因素与水平（%）

水平	因素			
	A 木糖醇	B 食用盐	C 阿斯巴甜	D 麦芽糊精
1	0.75	0.4	0.14	20
2	1.00	0.5	0.18	25
3	1.25	0.6	0.22	30

3. 纳豆粉的储藏稳定性研究

实验以纳豆粉的最优配方为研究对象，选择不同的储藏温度、抽真空及不同包装材料3个因素，筛选确定各因素的水平，在此基础上进行正交实验，因素及水平选择见表5-2，并将室温对照样品用汉堡纸包装，通过测定纳豆粉的品质指标评定不同储藏条件的效果，确定纳豆粉的最佳储藏条件。

表5-2　纳豆储藏条件的正交实验研究

水平	因素		
	A 温度	B 抽真空	C 包装材料
1	4℃	真空	聚乙烯
2	室温	充氮	铝箔
3	30℃	脱氧剂	聚丙烯

4.指标测定方法

1）感官指标

纳豆粉感官评分标准见表5-3。

表5-3　纳豆粉感官评分标准

指标	满分	评分		
外观	20	粉末状，浅黄色，色泽分布均匀，无结块，无肉眼可见杂质（15~20）	粉末状，浅黄色，色泽分布较均匀，基本无结块，基本无肉眼可见杂质（7~14）	粉末状，浅黄色，色泽分布不均匀，有结块，有肉眼可见杂质（0~6）
风味	40	有发酵纳豆制品特有的香味，纳豆味适中（28~40）	发酵纳豆制品特有的味道稍浓或稍淡（13~27）	发酵纳豆制品特有的味道基本没有或过浓（0~12）
口感	20	口感细滑，无粗糙感（15~20）	口感比较细滑，略有粗糙感（7~14）	口感粗糙（0~6）
质地	20	干燥松散，结构细密均匀（15~20）	稍湿或过干燥，结构较均匀（7~14）	过湿或过干燥，结构较均匀（0~6）

2）理化指标

蛋白质的测定：采用凯式定氮法测定纳豆粉中蛋白质的含量。称取一定量的样品置于杯形滤纸中，而后转移到蛋白质自动消化仪的平底烧瓶中，移取适量浓硫酸开始加热，消化溶液至绿色澄清液，将冷却后的消化液移入凯氏定氮仪中测定，同时作一试剂空白对照。按以下公式计算总氮量和蛋白质量：

$$总氮（\%）= N×(V_1-V_2)×0.014×100/W$$

式中，N 为标准酸溶液的当量浓度；V_1 为样液滴定消耗的标准酸溶液的量（mL）；V_2 为空白滴定消耗的标准酸溶液的量（mL）；W 为样品重（g）；0.014为氮的毫克当量。蛋白质（%）= 6.25×总氮（%）。

脂肪的测定：采用索氏抽提法测定纳豆粉的脂肪含量。准确称取5~10g样品，100~105℃下烘干3h，然后将烘干样品用滤纸严密包裹，置于索氏抽提器的提取管中。在已干燥、冷却、恒重的磨口烧瓶中注入100mL沸程为60~90℃的石油醚，接好提取装置，在70℃左右的水浴中加热6~8h，取出滤纸筒回收石油醚。取下烧瓶擦干，在温度为100~105℃条件下烘干，至前后两次重量差不超过0.001g。

按下式计算脂肪的含量：

$$粗脂肪（\%）= G \times 100 / W$$

式中，G为石油醚抽提物重（g）；W为样品重（g）。

灰分的测定：参照GB 5009.4—2016《食品安全国家标准 食品中灰分的测定》进行测定。

微生物指标：纳豆粉中细菌总数、大肠菌群、致病菌参照GB/T 4789.2—2003《食品卫生微生物学检验 菌落总数测定》、GB/T 4789.12—2003《食品卫生微生物学检验 肉毒梭菌及肉毒毒素检验》方法测定。

5. 储藏指标的测定

1）尿激酶活性的测定

采用纤维蛋白平板法测定样品的尿激酶活性，其原理是以凝血酶和纤维蛋白原作用制成人工血栓平板，注入具有尿激酶活性的物质，用溶解面积来表示溶纤维蛋白的活性。

首先取溶于0.05mol/L PBS（pH 7.8）的血纤维蛋白原10mL注入培养皿中，再加入0.5mL凝血酶（50μ/mL生理盐水）搅拌使其凝固制成平板。取10μL样品点于平板上，37℃恒温孵育18h，测其溶解圈直径。同时以尿激酶作为标准品，作标准曲线。以尿激酶的活性单位来表示。

2）感官指标

纳豆粉在储藏过程中水分、色泽、脂肪的变化会引起感官评分的变化，定期对储藏的样品进行感官评价，评价标准见表5-3。

3）色泽的测定

利用SMY-2000SF测色色差计测定纳豆粉的色度（$\triangle L^*$、$\triangle b^*$）。具体操作步骤如下。

（1）连接主机和传感器，预热5~10min后，进入样品测试界面，在标准黑板上调零，进入调白界面，把传感器放置标准白板上，确认，完成仪器校准。

（2）用标准白板作为色度参照标准，测定标准白板的色度值，然后把样品装入样品盒中，并将粉末填实、压紧、刮平，再将保护盒套在样品盒外，再放在传感器下测试。

4）水分的测定

依据GB/T 5009.3—2003《食品中水分的测定》，采用直接干燥法对储藏样品的水分进行测定。

5）酸价的测定

准确称取样品40g，加入200mL沸程为30～60℃的石油醚浸泡24h，抽滤并将滤渣反复洗涤，滤液置于旋转蒸发仪中35℃旋转蒸发得油样。其测定方法采用GB/T 5009.37—2003《食用植物油卫生标准的分析方法》。

6）酸度的测定

测定方法采用GB 5413.34—2010《食品安全国家标准 乳和乳制品酸度的测定》。

7）多糖的测定

称取约5g干燥纳豆粉样品用95%乙醇按1：5对粉末进行脱单糖、脂类、色素，在室温下缓慢搅拌24h，过滤，滤渣再次重复操作两次，滤渣于40℃干燥后，得脱脂脱单糖粉末。称取1g该粉末以1：20加入蒸馏水，60℃热提3h，以滤纸快速过滤得上清液，吸取2mL待测样液于试管中，每管各精密加入浓度为6%的苯酚溶液（新鲜配制）1mL，浓硫酸5mL，混匀，10min后振荡，再静置20min，在490nm下测定吸光度（每份样品做3个平行管），以蒸馏水作空白。

8）pH的测定

测定方法采用GB 5009.237—2016《食品安全国家标准 食品pH值的测定》。

5.2.3　结果与讨论

1. 纳豆粉的最佳配方

1）单因素实验

图5-1～图5-4分别为不同木糖醇添加量、食用盐添加量、阿斯巴甜添加量及麦芽糊精比例的感官评分值。

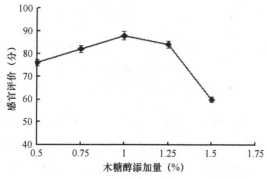

图5-1　木糖醇添加量对感官评价的影响

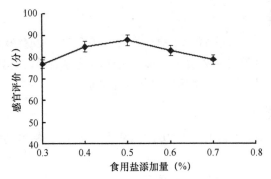

图 5-2　食用盐添加量对感官评价的影响

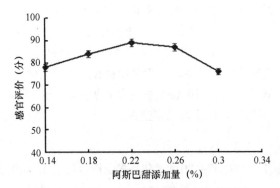

图5-3　阿斯巴甜添加量对感官评价的影响

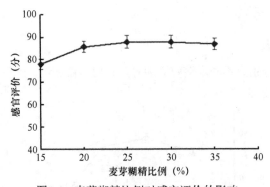

图5-4　麦芽糊精比例对感官评价的影响

　　由图5-1可知，随着木糖醇添加量的增大，感官评分值呈先增大后降低的趋势。木糖醇添加量的不同对成品的口味、口感都有影响。木糖醇添加量较低时，发酵纳豆制品的味道过浓，粉末口感不细腻清凉；木糖醇添加量较高时，发酵纳豆制品的味道过淡，口感过于清凉。实验表明，木糖醇添加量为1%时，成品味道适中，口感良好，具有较高的感官评分。

　　由图5-2可知，随着食用盐添加量的增加，感官评分值先增加后降低。食用盐添加量的不同对成品润滑程度、口感都有影响。食用盐添加量较高时，入口无润滑感或润滑感较弱并且会咸味过重；食用盐添加量较低时，成品有腻感，且甜味过重。实验表明，食用盐含量为0.5%时，口感润滑，味道适中，具有较高的感官评分。

　　由图5-3可知，随着阿斯巴甜添加量的增加，感官评分值先增加后降低。阿斯巴甜添加量的不同对成品口味、甜度状况有一定的影响。阿斯巴甜添加量较高时，甜度过大；阿斯巴甜添加量较低时，甜度不够，口味清淡。实验表明，阿斯巴甜添加量为0.22%时，甜度合适，口味较好，具有较高的感官评分。

　　由图5-4可知，随着麦芽糊精加入比例的增加，感官评分值呈先增大后趋于稳定的趋势。麦芽糊精的添加有助于提高黏合效果，改善口感，改善营养配比，减少营养的损失，降低成本。过多添加麦芽糊精会降低产品营养素含量，造成营养不均衡。实验表明，麦芽糊精比例为25%时，黏合效果较好，口感较好，具有较高的感官评分。

2）正交实验

　　根据单因素实验结果，以木糖醇添加量、食用盐添加量、阿斯巴甜添加量及麦芽糊精比例为因素，根据正交实验设计原理，进行4因素3水平实验确定纳豆粉的最佳配方。正交实验因素水平见表5-1，正交实验结果及分析如表5-4所示。

表5-4　正交实验结果与分析

实验编号	A	B	C	D	感官评分（分）
1	1	1	1	1	87.6
2	1	2	2	2	84.0
3	1	3	3	3	78.9
4	2	1	2	3	85.5
5	2	2	3	1	93.2
6	2	3	1	2	86.8
7	3	1	3	2	81.7
8	3	2	1	3	80.2
9	3	3	2	1	82.6
K_1	83.5	84.9	84.9	87.8	
K_2	88.5	85.8	84.0	84.1	
K_3	81.5	82.8	84.6	81.5	
极差	7.0	3.0	0.9	6.3	
最优水平			$A_2B_2C_3D_1$		
因素主次			A→D→C→B		

从表5-4可以看出，在实验设计的范围内，木糖醇添加量对成品质量的影响最大，其次为麦芽糊精用量、阿斯巴甜添加量及食用盐添加量。纳豆粉的最佳原料配比为$A_2B_2C_3D_1$，即木糖醇添加量为1%、食用盐添加量为0.5%、阿斯巴甜添加量为0.22%、麦芽糊精含量为20%。

2. 最佳配方产品的指标测定

1）感官指标

纳豆粉的感官指标测定结果见表5-5。

表5-5　纳豆粉感官品质

指标	结果
外观	粉末状，浅黄色，色泽分布均匀，无结块，无肉眼可见杂质
风味	有发酵纳豆制品特有的香味，纳豆味适中
口感	口感细滑，无粗糙感
质地	干燥松散，结构细密均匀

2）理化指标

水分≤6%、脂肪≤4%、蛋白质≥18%、碳水化合物≥64%、灰分≥4.2%、酸价≤0.4mg/g。

3）微生物指标

细菌总数≤200cfu/g、大肠菌群≤3MPN/100g，致病菌不得检出。

3. 纳豆粉的储藏稳定性研究

1）尿激酶活性的变化

由图5-5可以看出，随着储藏时间的延长，纳豆粉的尿激酶活性呈逐渐减弱的趋势，这主要是由于水分变化、微生物和温度等条件影响了纳豆粉的尿激酶活性。其中4℃条件下保存的纳豆粉具有相对较好的活力，35℃条件下保存的纳豆粉活力下降相对较大。

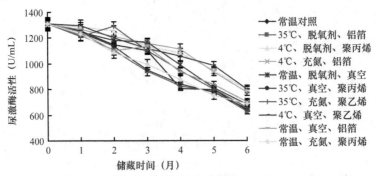

图5-5　尿激酶活性的变化（彩图请扫封底二维码）

2）感官评分值的变化

由图5-6可以看出，随着储藏时间的延长，纳豆粉的感官评分值呈逐渐减小的趋势，这主要是由于色泽的变化、水分的变化导致纳豆粉适口性下降。其中35℃、充氮、PE的纳豆粉储藏时间为4个月时感官评价最高。

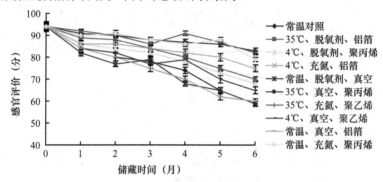

图5-6　感官评分值的变化（彩图请扫封底二维码）

3）色泽的变化

由图5-7可以看出，随着储藏时间的延长，纳豆粉的$\triangle L^*$值呈逐渐减小的趋势，$\triangle L^*$为负值，表明被测试样较标准白板更暗，表明储藏期间纳豆粉的色泽逐渐变暗，高温储藏及室温对照的样品变暗较明显。其中，35℃、脱氧剂、铝箔包装的纳豆粉$\triangle L^*$降低最快。

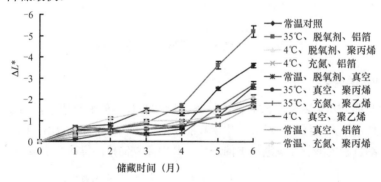

图5-7　$\triangle L^*$的变化（彩图请扫封底二维码）

由图5-8可以看出，随着储藏时间的延长，纳豆粉的$\triangle b^*$值逐渐增加，$\triangle b^*$为正值，说明被测试样较标准白板更黄，表明产品在储藏期间颜色逐渐变黄。其中，35℃、脱氧剂、铝箔包装的样品$\triangle b^*$增加最快。

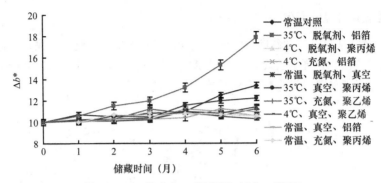

图5-8　△b*的变化（彩图请扫封底二维码）

4）水分的变化

由图5-9可以看出，随着储藏时间的延长，35℃条件下储藏的纳豆粉水分呈减少的趋势，室温、低温储藏的样品水分有所增加。

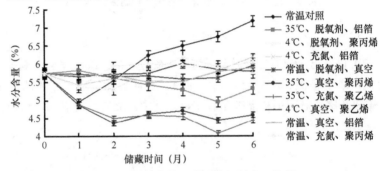

图5-9　水分的变化（彩图请扫封底二维码）

5）酸价的变化

酸价是脂肪中游离脂肪酸含量的标志，脂肪在长期储藏过程中，由于微生物、热和酶的作用下发生缓慢水解并产生游离脂肪酸。由图5-10可以看出，随着储藏时间的延长，纳豆粉的酸价呈逐渐增加的趋势，其中高温储藏的样品酸价增加较明显。

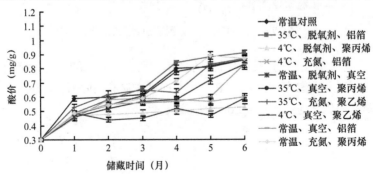

图5-10　酸价的变化（彩图请扫封底二维码）

6）酸度的变化

由图5-11可以看出，随着储藏时间的延长，纳豆粉的酸度呈逐渐增加的趋势，其中高温储藏的样品酸度增加较明显，其次为室温样品，最后为低温样品。

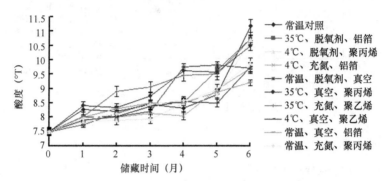

图5-11　酸度的变化（彩图请扫封底二维码）

7）多糖的变化

由图5-12可以看出，随着储藏时间的延长，多糖的含量基本没有变化。

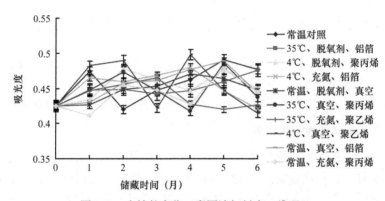

图5-12　多糖的变化（彩图请扫封底二维码）

8）pH的变化

由图5-13可以看出，随着储藏时间的延长，纳豆粉的pH呈逐渐减小的趋势，其中高温储藏的样品pH减小较明显，低温样品减小最缓慢。

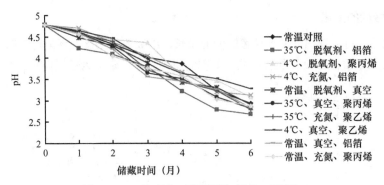

图5-13　pH的变化（彩图请扫封底二维码）

9）方差分析

储藏样品的方差分析见表5-6。

表5-6　方差分析

	感官评分	△L*	△b*	水分	酸价	酸度	多糖
时间	$1.07×10^{-13}$	$5.21×10^{-13}$	0.000 66	0.434 096	$1.42×10^{-14}$	$8.23×10^{-23}$	0.169 174
温度	0.006 406	0.402 345	0.005 509	$2.7×10^{-8}$	$3.05×10^{-8}$	$1.15×10^{-5}$	0.886 57
氧气	0.005 088	0.708 77	0.723 481	0.549 256	0.046 334	0.773 95	0.348 834
包装	0.019 142	0.429 5	0.752 249	0.458 359	0.420 181	0.814 181	0.319 679

由表5-6可以看出，时间对感官评分值、△L*、△b*、酸价、酸度的影响极显著；温度对感官评分值、△b*、水分、酸价、酸度的影响极显著；氧气对感官评分值的影响极显著，对酸价的影响显著；包装情况对感官评分值的影响显著。

10）纳豆粉储藏稳定性小结

研究纳豆粉在10种储藏条件下的品质变化，结果表明时间、温度对储藏的影响较大，高温储藏的样品较室温、低温样品指标变化明显，但高温储藏的样品由于水分含量下降感官评分值变化不明显，10种样品在6个月的储藏末期均无异味，生产过程中降低产品水分含量更有益于成品的储藏。

5.2.4　本节小结

1. 纳豆粉的最佳配方

木糖醇添加量1%、食用盐添加量0.5%、阿斯巴甜添加量0.22%、麦芽糊精含量为20%。

2. 纳豆粉的储藏稳定性

储藏时间、温度对结果的影响显著，高温储藏的样品较室温、低温样品指标变化明显，样品的水分含量对感官评分值影响较大，10种样品在6个月的储藏末期均无异味，生产过程中应该降低成品水分含量。

5.3　纳豆发酵口服液的研制

5.3.1　实验材料和仪器

1. 实验材料

试剂	规格	产地/生产厂家
木豆	食用	2013 年，海南
柠檬酸	食品级	哈尔滨市南极市场
食用香精	食品级	哈尔滨市南极市场
黄原胶	食品级	哈尔滨市南极市场
海藻酸钠	食品级	哈尔滨市南极市场
羧甲基纤维素钠	食品级	哈尔滨市南极市场
海藻酸钠	分析纯	天津博迪化工股份有限公司
氯化钙	分析纯	汕头市西陇化工厂

2. 实验仪器

仪器	型号	生产厂家
电子天平	BS110	美国 Sartorius 公司
恒温鼓风干燥箱	DHG-9145A	上海一恒科学仪器有限公司
恒温振荡培养箱	HZQ-F160	哈尔滨市东联电子技术开发有限公司
立式压力蒸汽灭菌器	LDZX-50KBS	上海申安医疗器械厂
超声波清洗器	KQ-250B	昆山市超声仪器有限公司
300 克摇摆式中药粉碎机	AK-600A	温岭市奥力中药机械有限公司
脱皮机		实验室自制
循环水式多用真空泵	SHB-ⅢA	郑州长城科工贸有限公司

5.3.2 实验方法

1. 纳豆发酵口服液的加工工艺

1）纳豆发酵口服液的工艺流程

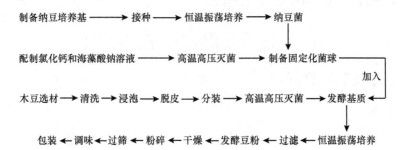

2）纳豆菌种的制备

见5.2.2节"1.纳豆粉的加工工艺"中2）。

3）选材与清洗

见5.2.2节"1.纳豆粉的加工工艺"中3）。

4）脱皮

见5.2.2节"1.纳豆粉的加工工艺"中4）。

5）发酵基质的制备

见5.2.2节"1.纳豆粉的加工工艺"中5）。

6）固定化菌球的制备

见5.2.2节"1.纳豆粉的加工工艺"中6）。

7）发酵

见5.2.2节"1.纳豆粉的加工工艺"中7）。

8）纳豆发酵液的制备

发酵结束后滤出菌球包，通过真空抽滤将液体分离出来，备用。

9）调味

向分离出的发酵液中加入木糖醇、安赛蜜、食用香精等调配均匀。

10）均质

采用真空均质乳化机，压力为20.00～25.00MPa。

11）包装

按照不同需要将调配好的发酵液无菌灌装到干净的容器中即成品。

2. 纳豆发酵口服液的最佳配方

1）单因素实验

采用单因素实验研究木豆与水的比例、木糖醇添加量、柠檬酸添加量、食用香精添加量对成品的影响，确定纳豆发酵口服液的最佳配方范围。

2）正交实验

在单因素实验的基础上，以木豆与水的比例、木糖醇添加量、柠檬酸添加量、食用香精添加量为实验因素，根据正交实验设计原理，采用4因素3水平实验确定纳豆发酵口服液的最佳配方。

3. 纳豆发酵口服液的稳定性研究

1）感官评分标准

纳豆发酵口服液参照 NY/T 434—2007《绿色食品 果蔬汁饮料》制定的感官评价标准（表5-7）。

表5-7　纳豆发酵口服液感官评价标准

评价项目	评分指标	
	黄色	15~20
色泽（满分20分）	黄色稍浅	7~14
	黄色浅	0~6
	具有纳豆发酵的特有香气	15~20
香气（满分20分）	纳豆发酵的特有香气不浓郁	7~14
	基本没有纳豆发酵的特有香气	0~6
	味道协调适当	28~40
滋味（满分40分）	较协调	13~27
	不协调	0~12
	均匀一致	15~20
组织状态（满分20分）	有轻微分层	7~14
	严重分层	0~6

2）尿激酶活性的测定

见5.2.2节"5.储藏指标的测定"中1）。

3）色泽的测定

见5.2.2节"5.储藏指标的测定"中3）。

4）酸价的测定

见5.2.2节"5.储藏指标的测定"中5）。

5）酸度的测定

见5.2.2节"5.储藏指标的测定"中6）。

6）理化指标

可溶性固形物：参照GB/T 12143—2008《饮料通用分析方法》进行测定。将口服液用4层纱布挤出滤液并弃去最初几滴，收集滤液供测试使用。在20℃条件下用折光计测量待测样品液的折光率，并根据可溶性固形物含量与折光率的换算表查得样品液的可溶性固形物含量。

蛋白质的测定：参照GB 5009.5—2010《食品安全国家标准 食品中蛋白质的测定》进行测定。

还原糖的测定：参照GB/T 5009.7—2008《食品中还原糖的测定》进行测定。

总酸的测定：参照GB/T 12456—2008《食品中总酸的测定》进行测定。

多糖的测定：原料的处理按5.2.2节"5.储藏指标的测定"中"7）多糖的测定"进行，葡萄糖标准曲线的绘制按以下方法进行。精密吸取葡萄糖标准品溶液0mL、0.10mL、0.20mL、0.40mL、0.60mL、0.80mL、1.00mL、1.20mL（相当于葡萄糖0mg、0.01mg、0.02mg、0.04mg、0.06mg、0.08mg、0.10mg、0.12mg）分别置于25mL比色管中，准确补水至2.0mL，加入6%精制苯酚溶液1.0mL，然后小心加入浓硫酸5.0mL，摇匀后放置5min，置沸水浴中加热15min，取出迅速冷却至室温，以0号作空白调零，在最大吸收波长处测吸光度，以葡萄糖浓度为横坐标（μg/mL）、吸光度为纵坐标，绘制葡萄糖标准曲线（图5-14）。

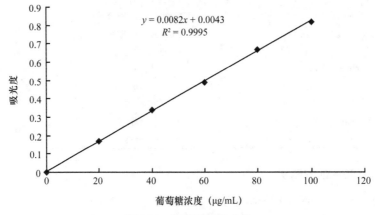

图5-14　葡萄糖标准曲线

黏度的测定：使用NDJ-79型旋转式黏度计，根据试样不同的黏度采用不同的单元测定器分别进行测定，每一试样测定8次，然后取其平均值，用转筒因子乘以读数值即该食品的黏度值，单位是mPa·s。

透光率的测定：用721型紫外-可见分光光度计，以蒸馏水为参比，在波长800nm处测定透光率（T，%）。在波长800nm处吸光度≤0.0015，这样所测得的澄清度背景吸收比较小，所得澄清度相对误差小，故选择800nm作为澄清度的测定波长。

7）微生物指标

细菌总数的检测方法如下。

牛肉膏蛋白胨培养基的成分如表5-8所示。

表5-8　牛肉膏蛋白胨培养基的成分

名称	用量	名称	用量
牛肉膏（g）	3	蛋白胨（g）	10
氯化钠（g）	5	琼脂（g）	15～20
水（mL）	1000	pH	7.0～7.2

按表5-8称取上述各成分加入至1000mL的三角瓶中，加热溶剂并不停搅拌。煮沸1min，使各种成分充分溶解，121℃条件下灭菌15min，冷却到45～50℃备用。

以无菌操作称取待检饮料样品25mL，放置于含有225mL灭菌水的具塞三角瓶中，振荡器中振荡30min，即1:10饮料稀释液。用灭菌吸管取1:10饮料稀释液10mL注入试管中，并用灭菌后的移液枪吸取1mL试管中的样液反复吹吸，使霉菌孢子充分散开。移取1mL 1:10饮料稀释液注入含有9mL灭菌水的试管中，另换一支1mL枪头吹吸5次，此样液为1:100稀释液。按上述操作步骤做10倍递增稀释液，每稀释一次换用一支1mL枪头。根据对饮料样品污染情况的估计，选择3个稀释度，分别做10倍递增稀释，同时吸取1mL稀释液于灭菌平皿中，每个稀释度做2个平皿，然后待平皿凉至45℃左右时，将培养基注入平皿，待琼脂凝固将其倒置于36℃温箱中，培养时间为48h。

计算方法：选择菌落数在0～100的平皿进行计数，同稀释度的2个平皿的菌落平均数乘以稀释倍数，即每毫升饮料中所含细菌数。

结果报告：每毫升饮料所含细菌数以个/mL表示。

大肠菌群检测方法：参照GB 4789.3—2010《食品安全国家标准 食品微生物学检验 大肠菌群计数》测定。

5.3.3　结果与讨论

1. 纳豆发酵口服液的最佳配方

1）单因素实验

发酵固液比的确定：实验采取不同的发酵固液比，对成品进行综合品评，评价结果如表5-9所示。

表5-9　发酵固液比对产品品质的影响

发酵固液比	评价
1：5	颜色深，发酵味异常浓厚、不协调，严重分层
1：8	颜色稍深，香气较浓郁，有轻微分层
1：10	颜色黄，具有纳豆发酵特有香气，味道适中
1：12	颜色稍浅，纳豆发酵特有香气不浓郁，口味淡
1：15	颜色浅，基本无纳豆发酵特有香气，口味较淡

由表5-9可知，纳豆发酵固液比较大时，颜色浅，香味不明显；固液比较小时，颜色深、易分层。实验表明，当纳豆发酵固液比为1：10时，产品呈黄色，味道协调适中，具有纳豆发酵的特有香气。

木糖醇添加量的确定：实验选取不同的木糖醇添加量，对成品进行综合品评，评价结果如表5-10所示。

表5-10　木糖醇添加比例对产品品质的影响

木糖醇添加量（%）	评价
14	口感稍酸，发酵味突出
16	具有纳豆发酵特有香味
18	酸甜适口，味道较协调、适当
20	酸甜适口，味道较协调
22	甜味较突出，具有发酵特有香味
24	口感甜腻，风味不协调

由表5-10可知，木糖醇添加量较低时，口感偏酸，发酵味突出；木糖醇添加量过高时，口感甜腻，风味不协调。实验表明，当木糖醇添加量为18%时，产品颜色为黄绿色，酸甜适口，味道较协调、适当。

柠檬酸添加量的确定：实验选取不同的柠檬酸添加量，对成品进行综合品评，评价结果如表5-11所示。

表5-11　柠檬酸添加比例对产品品质的影响

柠檬酸添加量（%）	评价
0.05	口感稍甜，纳豆发酵味突出
0.1	酸甜适口，纳豆发酵味协调
0.15	口感稍酸，纳豆发酵味较协调
0.2	口感稍酸，柠檬酸味较突出
0.25	柠檬酸味突出

由表5-11可知，柠檬酸添加比例较低时，口感稍甜，纳豆发酵味突出；柠檬酸添加比例过高时，柠檬酸味突出。实验表明，当柠檬酸添加比例为0.1%时，产品黄绿色，酸甜适口，风味协调。

食用香精添加量的确定：实验选取不同的食用香精添加量，对成品进行综合品评，评价结果如表5-12所示。

表5-12　食用香精添加比例对产品品质的影响

食用香精添加量（%）	评价
0.1	纳豆发酵味较为突出
0.15	纳豆发酵味协调、适中，口感饱满
0.2	香精味稍重，口味不协调
0.25	香精味较突出，口味不协调
0.3	香精味突出

由表5-12可知，食用香精添加比例较低时，口感单薄，纳豆发酵味突出；食用香精添加比例过高时，香精味突出。实验表明，当柠檬酸添加比例为0.15%时，产品黄绿色，酸甜适口，风味协调，口感饱满。

2）正交实验

正交实验结果表明，在单因素实验的基础上确定各因素与水平，发酵固液比、木糖醇添加量、柠檬酸添加量、食用香精添加量作为影响因子按照正交实验方法进行实验，因素与水平见表5-13。参照纳豆发酵口服液感官评价标准进行感官评价，纳豆发酵口服液配方正交实验结果分析见表5-14，方差分析见表5-15。

表5-13　正交实验因素与水平（%）

水平	因素			
	A 木豆∶水	B 柠檬酸	C 木糖醇	D 香精
1	1∶8	0.05	18	0.1
2	1∶10	0.1	19	0.15
3	1∶12	0.15	20	0.2

表5-14　纳豆发酵口服液配方的正交实验结果

实验编号	A	B	C	D	感官评分（分）
1	1	1	1	1	75.5
2	1	2	2	2	77.1
3	1	3	3	3	75.8
4	2	1	2	3	92.1
5	2	2	3	1	76.2
6	2	3	1	2	80.7
7	3	1	3	2	84.3
8	3	2	1	3	96
9	3	3	2	1	91.3
K_1	76.1	84.0	84.1	81.0	
K_2	83.0	83.1	86.8	80.7	
K_3	90.5	82.6	78.8	88.0	
极差	14.4	1.4	8.0	7.3	

表5-15　纳豆发酵口服液配方实验的方差分析

方差来源	偏差平方和	自由度	F 值	F 临界值	显著性
A	311.262	2	108.491	19.000	*
B	2.869	2	1.000	19.000	
C	100.816	2	35.140	19.000	*
D	101.429	2	35.353	19.000	*
总和	2.87	8			

由表5-14、表5-15可得，发酵固液比、木糖醇添加量、食用香精添加量对感官评分值影响显著，柠檬酸添加量对感官评分值的影响不显著，影响因素大小顺序为：A＞D＞C＞B，即固液比＞食用香精＞木糖醇＞柠檬酸。

由以上正交实验及方差分析结果可得出，纳豆发酵口服液的最佳配方为$A_3B_1C_2D_3$，即1∶12固液比、0.05%柠檬酸、19%木糖醇和0.2%食用香精，正交表5-14中无此方案，而感观最佳配方为$A_2B_2C_2D_2$，即1∶10固液比、0.1%柠檬酸、19%木糖醇和0.15%食用香精，与方差分析不吻合。因此，将方案$A_3B_1C_2D_3$与方案$A_2B_2C_2D_2$进行比较，得出方案$A_3B_1C_2D_3$调配出的口服液具有较好的口感。

2. 纳豆发酵口服液质量研究

1）感官指标

色泽：橙黄色。

滋味与香气：有纳豆发酵制品特有的香味，酸甜适口，口感细腻。

组织状态：均匀稳定，无分层及沉淀。

2）理化指标

纳豆发酵口服液的理化指标见表5-16。

表5-16　纳豆发酵口服液的理化指标

指标	各指标在口服液中的含量
可溶性固形物（%）	9.8
蛋白质（mg/mL）	0.41
还原糖（%）	4.05
总酸（按柠檬酸换算）（%）	1.58
尿激酶活性（U/mL）	1405.8
总黄酮（芦丁）（g/kg）	0.158
多糖（mg/mL）	18.19

3）微生物指标

细菌总数检测：为检测细菌总数所选择的稀释度及菌落数报告见表5-17。

表5-17　稀释度选择及菌落数报告

实验编号	稀释液及菌落数			菌落总数（cfu/g）
	10^{-1}	10^{-2}	10^{-3}	
纳豆发酵口服液 1	18	0	0	180
纳豆发酵口服液 2	17	0	0	170

由表5-17可知，纳豆发酵口服液的细菌总数≤180cfu/g，符合行业标准对细菌含量每毫升≤200cfu/g的要求。

大肠菌群检测：取4份样品，分别以10^{-1}、10^{-2}、10^{-3}这3个稀释度，以单料培养基培养，每管样取3管接种，放入36℃±1℃的恒温箱，培养24h，最后小试管内均无气泡产生，因此大肠菌群检测为阴性。而饮料对大肠菌群卫生标准GB 4789.3—2010《食品安全国家标准 食品微生物学检验 大肠菌群计数》为≤3MPN/100g，所以纳豆发酵口服液中的大肠菌群低于标准值，符合要求。

4）纳豆发酵液的储藏稳定性研究

由图5-15可以看出，随着储藏时间的延长，纳豆发酵口服液的尿激酶活性呈逐渐减弱的趋势，这主要是由于微生物和温度等条件影响了纳豆发酵口服液的尿激酶活性。其中4℃条件下保存的纳豆发酵口服液具有相对较好的活性，35℃条件下保存的纳豆发酵口服液活力下降相对较大。

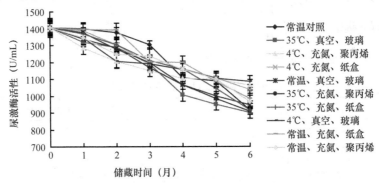

图5-15　尿激酶活性的变化（彩图请扫封底二维码）

由图5-16可以看出，随着储藏时间的延长，纳豆发酵口服液的感官评分值呈逐渐减小的趋势，这主要是由于色泽的变化、黏度的变化导致纳豆发酵口服液适口性下降。其中4℃、真空、玻璃包装的纳豆发酵口服液取得了较高的感官评分。

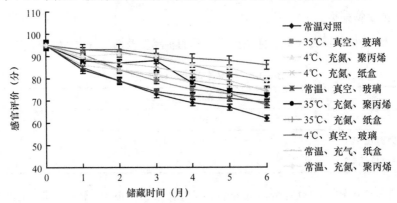

图5-16　感官评分值的变化（彩图请扫封底二维码）

5）色泽的变化

由图5-17可以看出，随着储藏时间的延长，纳豆发酵口服液的$\triangle L^*$值呈逐渐减小的趋势，$\triangle L^*$为负值，表明被测试样较标准白板更暗，表明储藏期间纳豆发酵口服液的色泽逐渐变暗，高温储藏及室温对照的样品变暗较明显。

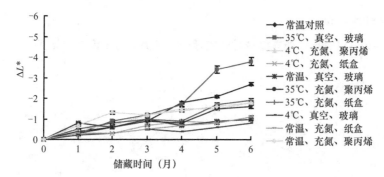

图5-17　△L*的变化（彩图请扫封底二维码）

由图5-18可以看出，随着储藏时间的延长，纳豆发酵口服液的△b*值逐渐增加，△b*为正值，说明被测试样较标准白板更黄，表明产品在储藏期间颜色逐渐变黄。其中，35℃、真空、玻璃包装的样品△b*增加最快。

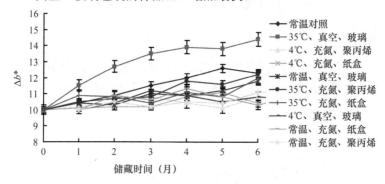

图5-18　△b*的变化（彩图请扫封底二维码）

由图5-19可以看出，随着储藏时间的延长，纳豆发酵口服液的酸度呈逐渐增加的趋势，其中高温储藏的样品酸度增加较明显，其次为室温样品，最后为低温样品。

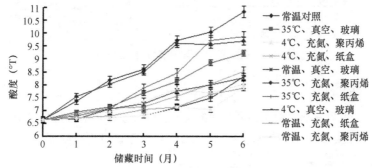

图5-19　酸度的变化（彩图请扫封底二维码）

6）多糖的变化

由图5-20可以看出，随着储藏时间的延长，多糖的含量没有明显变化。

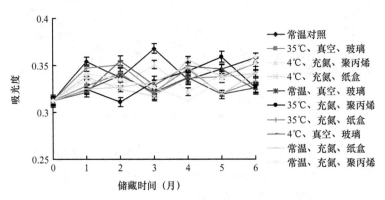

图5-20　多糖的变化（彩图请扫封底二维码）

7）pH的变化

由图5-21可以看出，随着储藏时间的延长，纳豆发酵口服液的pH呈逐渐减小的趋势，其中高温储藏的样品pH减小较明显，低温样品减小最缓慢。

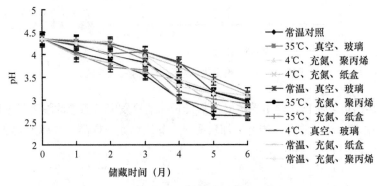

图5-21　pH的变化（彩图请扫封底二维码）

8）黏度的变化

由图5-22可以看出，随着储藏时间的延长，纳豆发酵口服液的黏度呈逐渐降低的趋势，其中高温储藏的样品黏度减小较大显，常温下黏度下降幅度次之，低温4℃样品黏度下降最缓慢。

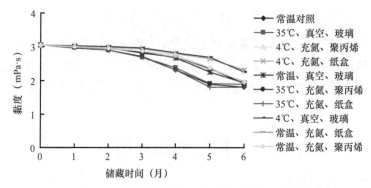

图5-22 黏度的变化（彩图请扫封底二维码）

9）透光率的变化

由图5-23可以看出，随着储藏时间的延长，纳豆发酵口服液的透光率呈逐渐下降趋势，表明产品在储藏期间变得相对浑浊。其中，4℃低温下储藏透光率下降幅度最小，说明对应条件下保藏效果好。

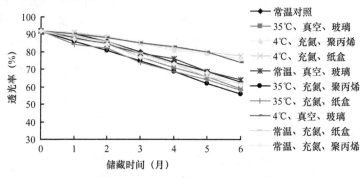

图5-23 透光率的变化（彩图请扫封底二维码）

10）纳豆发酵口服液储藏稳定性小结

研究纳豆发酵口服液10种储藏条件下的品质变化，结果表明，时间、温度对储藏的影响较大，高温储藏的样品较室温、低温样品指标变化明显，样品在储藏末期均无异味、异常颜色产生，生产和包装过程中隔离氧和低温更有益于成品的储藏。

5.3.4 本节小结

1. 纳豆发酵口服液的最佳配方

固液比1∶12、柠檬酸添加量0.05%、木糖醇添加量19%、食用香精添加量0.2%。

2. 纳豆发酵口服液的储藏稳定性

通过实验分析可知，时间、温度对纳豆发酵口服液的储藏影响较大，并且高温储藏比低温储藏样品指标变化更加明显，且在储藏末期均无异味、异常颜色产生。由此可知，在生产和包装的过程中，隔离氧气和低温更有利于纳豆发酵口服液的储藏。

5.4　护色剂的应用

5.4.1　实验材料和仪器

1. 实验材料

试剂	规格	生产厂家
牡荆苷	分析级	美国 Sigma 公司
荭草苷	分析级	美国 Sigma 公司
芦丁	分析级	美国 Sigma 公司
福林酚	分析级	美国 Sigma 公司
1,1- 二苯 -2- 苦基肼（DPPH）	分析级	美国 Sigma 公司
木豆叶中类黄酮 C- 糖苷提取物（FCGE）		实验室自制
蓝莓果实		产自我国大兴安岭地区

2. 实验仪器

仪器	型号	生产厂家
高效液相色谱仪	Waters 600	美国 Waters 公司
紫外分光光度计	UV-2550	日本 Shimadzu 公司
紫外分光光度计	UV-2100	尤尼柯（上海）仪器有限公司
反相色谱柱	HIQ Sil $C_{18}V$	日本 Kya Tech 公司

5.4.2　实验方法

1. 样品溶液的制备

首先，将蓝莓进行挑选，洗净，之后进行压榨，压榨过程中蓝莓与加入水的比例是1∶6，最后过滤得到澄清的蓝莓果汁。将牡荆苷、荭草苷、芦丁以1∶1∶1的摩尔比分别加入30mL蓝莓果汁中，随后分别以1∶0.1、1∶0.5和1∶1的木豆叶提取物黄酮苷元以相同的摩尔比加入等量的果汁中。对照样品是未加入护色剂的蓝莓果汁，阳性对照样品是加入芦丁的果汁。将所有制备好的样品及对照品储藏在相同的玻璃瓶内，并放于40℃的环境中进行加速实验，每2天、5天、7天、10天和20天取样进行各项指标的测定。所有实验均测定3次。

2. HPLC-UV-MS分析花青素

在进液相前，样品溶液过0.45μm尼龙膜。固定相A是2%的酸水，流动相B是含2%甲酸的乙腈。按梯度洗脱，具体方法如下：0～4min，6%～8%B；4～14min，8%B；14～15min，8%～10%B；15～25min，10%B；25～26min，10%～13%B；26～36min，13%B；36～45min，13%～30%B；45～60min，30%～100%B；进样量为10μL，流速为1mL/min，柱温为30℃，检测波长为520nm。

MS条件如下：采用电喷射离子化方法，以氮气作为干燥源，喷雾压力为35psi，干燥气流为10mL/min，干燥温度为350℃，毛细管电压为3000V，正离子模式下分子量范围从50～100。

3. 光谱的扫描和色密度的测量

对蓝莓果汁在450～600nm进行全波长扫描，在测定前后需要避光的环境。色密度计算公式为：色密度=$[(A_{420nm}-A_{700nm})+(A_{\lambda vis}最大值-A_{700nm})]\times DF$，其中DF表示稀释倍数。

4. 色彩属性的测定

色彩属性的测定是通过国际照明委员会提出的三刺激值（Darias-Martín et al., 2007）。使用TCP-2分光光度计对CIELAB 色空间中色彩亮度（L^*）、红度（a^*）、黄度（b^*）三个参数进行定期测定。通过以下公式进行计算：

$$C^*=[(a^*)^2+(b^*)^2]^{1/2}$$
$$H^*=\arctan(b^*/a^*)$$

式中，C^*代表色彩浓度；H^*代表色彩角，并与其对应颜色的角度（0°或360°=红；90°=黄；180°=绿；270°=蓝）。

5. 总花青素的测定

总花青素的测定是根据Wrolstad（2005）提出的pH示差法，分别测定波长520nm和700nm下的吸光度。总花青素是以矢车菊素-3-O-葡萄糖苷（mg/L）为当量，摩尔消光系数为29 600。

6. 总酚和抗氧化活性的测定

蓝莓果汁中总酚含量以没食子酸（GAE）为当量（mgGAE/mL），采用福林酚方法（Singleton and Rossi，1965）测定。

果汁DPPH自由基清除率根据Sokmen等（2005）提出的方法进行测定。采用二倍稀释法将样品溶液稀释成浓度为0.125mg/mL、0.25mg/mL、0.5mg/mL、1.0mg/mL、2.0mg/mL、4.0mg/mL的一系列待测样品溶液，用移液枪分别取100μL溶于1.4mL的无水乙醇中，然后加入浓度为0.004%的DPPH溶液1mL，迅速混匀，立即放置在避光黑暗处70min，待样品稳定后用酶标仪检测其在517nm波长下的吸光度变化。其中，对照组以100μL 70%乙醇代替样品，其余与样品组同；空白组由100μL 70%乙醇和2.4mL无水乙醇组成。

5.4.3　结果与讨论

1. 花青素的检测

图5-24中展示了花青素的成分，根据表5-18各成分的分子量和之前的报道（Prior et al.，2001），结果表明花青素的成分在蓝莓果汁中均被检测到。并且发现飞燕草色素-3-葡糖苷、牵牛花色素-3-葡糖苷、锦葵色素-3-葡糖苷为蓝莓果汁中主要的花青素成分。

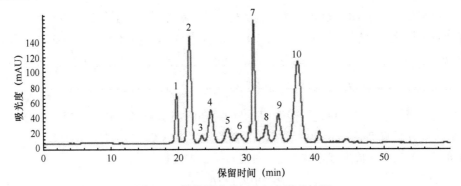

图5-24　蓝莓果汁高相液相色谱的检测

表5-18　果汁中花青素LC-MS数据分析

峰顺序	保留时间（min）	质荷比（*m/z*）	花青素
1	19.6	465/303	飞燕草色素-3-半乳糖苷
2	21.6	465/303	飞燕草色素-3-葡糖苷
3	23.4	449/287	矢车菊素-3-半乳糖苷
4	24.7	435/303	飞燕草色素-3-阿拉伯糖苷
5	27.2	449/287	矢车菊素-3-葡糖苷
6	28.9	479/317	牵牛花色素-3-半乳糖苷
7	30.9	479/317	牵牛花色素-3-葡糖苷
8	32.8	449/317	牵牛花色素-3-阿拉伯糖苷
9	34.6	493/331	锦葵色素-3-半乳糖苷
10	37.4	493/331	锦葵色素-3-葡糖苷

2. 辅色作用的影响

图5-25为花青素的可见吸收波长。其结果显示在450～600nm内，护色剂的添加可以诱导波长的增大。其原因在于发生了红移。当使用FCGE（1∶1）时对色泽效果最大，其次是荭草苷和芦丁。综合所述，结果表明对色泽影响最大的是样品中加入FCGE（1∶1）的果汁，其吸光度大小取决于所加入FCGE的浓度。

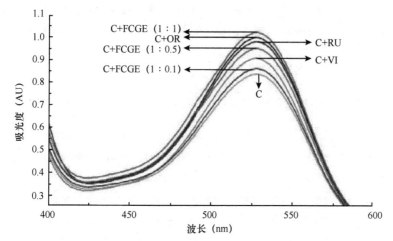

图5-25　果汁样品中添加色素或未添加色素的吸收光谱（彩图请扫封底二维码）

C：对照；VI：牡荆苷；OR：荭草苷；RU：芦丁；FCGE：木豆叶中提取的黄酮苷元

根据Bakowska等（2003）和González-Manzano等（2008）报道得出：随着色素浓度的增大，吸光度也会增大。护色和红移原因在于分子间的相互作用力及发色团的π-π电子体系，通过此体系花青素和护色剂相互作用。花青素和护色剂的形成是通过分子之间的叠加排列，而这个重新的叠加排列是导致增色作用和红移现象产生的原因。

3. 护色剂对色泽稳定性的影响

表5-19为蓝莓果汁样品在储藏期间3个色彩参数的变化。结果显示，蓝莓果汁中加入的护色剂牡荆苷、FCGE（1∶0.5）、芦丁、荭草苷、FCGE（1∶1）在5～7天内色泽仍保持稳定。另外，在所有的样品中，加入FCGE（1∶1）的样品能够使3个参数均达到最佳。最终结果表明，在这些护色剂中，尤其是FCGE对于保持蓝莓果汁颜色的稳定性效果最好。

表5-19　蓝莓果汁中色彩参数亮度、浓度及角度的改变

色泽参数样品		储藏时间					
		0天	2天	5天	7天	10天	20天
L^*（cd/m²）	C	7.89±0.25	8.83±0.32	12.20±0.44	14.10±0.47	16.70±0.50	23.00±0.86
	C+OR	5.91±0.19	5.91±0.21	8.51±0.30	9.66±0.36	9.85±0.33	15.43±0.49
	C+RU	5.76±0.20	6.69±0.24	9.03±0.28	9.19±0.32	9.85±0.33	16.28±0.56
	C+VI	7.21±0.25	8.01±0.29	10.10±0.34	10.01±0.35	11.35±0.42	18.23±0.69
	C+FCGE（1:0.1）	7.47±0.26	8.52±0.28	11.55±0.39	13.63±0.48	15.80±0.51	22.06±0.76
	C+FCGE（1:0.5）	6.20±0.25	7.23±0.28	9.72±0.38	9.87±0.37	10.88±0.45	18.17±0.73
	C+FCGE（1:1）	5.69±0.24	6.09±0.25	8.14±0.32	8.90±0.33	9.48±0.41	14.85±0.63
C^*（°）	C	304.29±9.50	303.59±9.78	46.42±1.56	46.26±1.69	40.95±1.33	26.83±1.01
	C+OR	307.84±9.99	307.66±10.62	304.60±1.61	303.31±10.05	50.00±1.71	32.90±1.19
	C+RU	308.34±10.94	306.31±11.17	303.03±12.42	302.28±12.13	45.36±1.92	34.60±1.13
	C+VI	306.10±10.78	304.22±10.99	301.57±9.55	49.08±1.52	44.11±1.59	30.29±1.06
	C+FCGE（1:0.1）	304.75±11.01	303.66±10.17	46.80±1.67	46.32±1.77	41.09±1.65	27.29±1.04
	C+FCGE（1:0.5）	308.10±12.36	308.83±11.41	304.10±10.88	41.00±1.49	41.68±1.56	30.00±1.17
	C+FCGE（1:1）	307.84±12.66	307.66±11.64	304.60±12.26	303.31±11.80	53.00±2.06	34.90±1.45
H^*（°）	C	277.45±8.96	277.44±9.21	32.90±1.14	30.75±1.00	24.72±0.86	23.71±0.84
	C+OR	277.45±8.93	277.64±9.63	277.63±10.24	277.54±9.59	30.00±0.97	25.20±0.80
	C+RU	277.45±9.89	277.57±9.71	277.53±9.31	277.47±9.58	28.8±0.98	26.24±0.96
	C+VI	277.45±9.82	277.65±9.48	277.30±10.11	35.62±1.16	27.77±0.99	26.22±0.92
	C+FCGE（1:0.1）	277.45±10.02	277.60±9.62	33.00±1.29	30.90±1.24	25.10±0.97	23.90±0.94
	C+FCGE（1:0.5）	277.45±11.13	277.53±9.62	277.44±10.71	32.20±1.36	26.80±1.06	24.40±0.94
	C+FCGE（1:1）	277.45±11.53	277.74±11.16	277.63±11.47	277.64±11.00	29.50±1.13	26.40±1.04

注：C为对照；VI为牡荆苷；OR为荭草苷；RU为芦丁；FCGE为木豆叶中提取的黄酮苷元

4. 护色剂对花青素稳定性的影响

花青素的含量是评估果汁质量的一个重要指标。图5-26展示了所有蓝莓果汁样品在储藏期间花青素含量的变化曲线。由图可知，所有的样品花青素含量均随时

间的变化而降低。但是与对照相比，在储藏期间加入FCGE（1：1）、FCGE（1：0.5）、荭草苷、牡荆苷及芦丁，花青素含量下降缓慢。基于以上结果，木豆叶中提取的黄酮苷元、荭草苷、牡荆苷及阳性对照芦丁在稳定花青素含量方面均起到了很好的效果。但FCGE效果最佳。

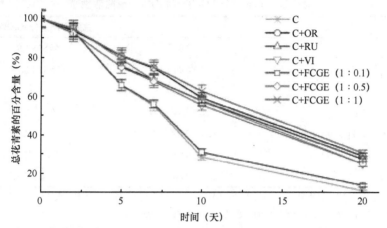

图5-26　储藏期间蓝莓果汁加入和未加入护色剂的总花青素含量变化（彩图请扫封底二维码）

C：对照；VI：牡荆苷；OR：荭草苷；RU：芦丁；FCGE：木豆叶中提取的黄酮苷元

　　图5-27为储藏期间总酚含量的变化。结果显示总酚含量最高和最低组分别为加入FCGE（1：1）的果汁和对照样品。此外，与对照相比，在储藏期间样品组FCGE和其主要成分牡荆苷和荭草苷也表现出了高的总酚含量。最终得出的结论是，在这些加入的护色剂中，FCGE能够很好地保持总酚含量，提高果汁的营养价值。

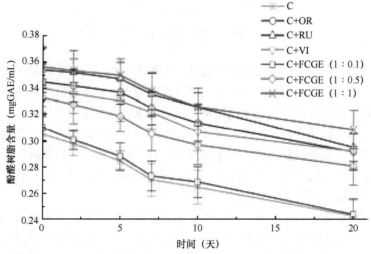

图5-27　储藏期间蓝莓果汁加入和未加入护色剂的总酚含量变化（彩图请扫封底二维码）

C：对照；VI：牡荆苷；OR：荭草苷；RU：芦丁；FCGE：木豆叶中提取的黄酮苷元

储藏期间各样品的抗氧化活性见表5-20。由表分析得知，果汁中最高和最低抗氧化活性样品分别为荭草苷和对照芦丁，显而易见加入护色剂能够提高果汁抗氧化活性（Markovic et al.，2003）。

表5-20　蓝莓果汁的色密度和DPPH清除活性

样品	色密度	抗氧化活性（μgGAE/mL）
C	1.12 ± 0.05^g	44.85 ± 0.95^f
C+OR	1.30 ± 0.04^b	75.42 ± 3.11^a
C+RU	1.27 ± 0.05^c	55.83 ± 1.29^c
C+VI	1.18 ± 0.04^e	49.98 ± 2.31^e
C+FCGE（1∶0.1）	1.14 ± 0.05^f	45.71 ± 2.20^f
C+FCGE（1∶0.5）	1.25 ± 0.05^d	53.04 ± 2.50^d
C+FCGE（1∶1）	1.32 ± 0.06^a	64.56 ± 2.36^b

注：C为对照；VI为牡荆苷；OR为荭草苷；RU为芦丁；FCGE为木豆叶中提取的黄酮苷元。以上实验均重复3次，标注在右上方的字母表示数据之间存在显著性差异（$P<0.05$）

5.4.4　本节小结

加入牡荆苷、荭草苷及FCGE能够明显提高蓝莓果汁的色密度。在最大的波长下，花青素与护色剂形成的复合体能够增大吸光度，同时还会使蓝莓果汁中的花青素保持稳定。在几种物质的研究中，我们发现FCGE能够很好地稳定蓝莓果汁的花青素及保护其色泽。因此，本研究从木豆叶中提取的黄酮苷元FCGE是一种天然的、有价值的且价廉的护色剂，能够很好地应用于食品工业。

5.5　本章小结

随着当今社会经济、文化的飞速发展，资源紧缺和环境污染日益严重，各领域开发高效、绿色、可再生的生产加工技术已经成为国内外学者研究的热点。本章以木本食用经济作物木豆及木豆叶为原料，创新性地将固定化微生物技术与制备纳豆菌发酵木豆种子相结合，同时从木豆叶中提取得到一种有效的天然护色剂，实现了高效、经济、连续的规模化生产。本研究所取得的结果将为我国发酵纳豆制品行业及食品色素稳定剂的发展提供新的思路和必要的数据基础，对于充分利用资源、缓解环境压力、提高生产效率也有着非常重要的意义。

本研究通过单因素实验建立并优化了纳豆粉及纳豆发酵口服液的最佳配方；在单因素优化基础上结合实验完善了其配方的优化；对纳豆粉及纳豆发酵口服液进行了各项指标的测定，包括感官指标、理化指标及微生物指标；对纳豆粉及纳豆发酵口服液的储藏稳定性进行了研究；通过加速实验对木豆叶中提取的黄酮苷元作为蓝莓果汁的护色剂进行了考察；分析和评估了4种护色剂在储藏期间色彩属性的3个参数，并进行了总酚及抗氧化活性的测定，最终筛选得到最佳的护色剂。

5.5.1　优化并完善了纳豆粉的配方

为了使口感及形态等各方面均达到最佳的效果，对纳豆粉的配方优化研究是必要而有意义的。在单因素优化基础上结合实验完善了纳豆粉配方调配；对纳豆粉进行感官评价和理化指标的测定；通过产品稳定性的测定确定保质期。

（1）纳豆粉的最佳配方：木糖醇添加量为1%、食用盐添加量为0.5%、阿斯巴甜添加量为0.22%、麦芽糊精比例为20%。

（2）纳豆粉的理化指标：水分≤6%、脂肪≤4%、蛋白质≥18%、碳水化合物≥64%、灰分≥4.2%、酸价≤0.4mg/g。

（3）微生物指标：纳豆粉的细菌总数≤200cfu/g、大肠菌群≤3MPN/100g，致病菌不得检出。

（4）纳豆粉的储藏稳定性：储藏时间、温度对结果的影响显著，高温储藏的样品较室温、低温样品指标变化明显，样品的水分含量对感官评分值影响较大，10种样品在6个月的储藏末期均无异味，生产过程中应该降低成品水分含量。

5.5.2　优化并完善了纳豆发酵口服液的配方

采用单因素实验研究了木豆与水的比例、木糖醇添加量、柠檬酸添加量、食用香精添加量对成品的影响，确定纳豆发酵口服液的最佳配方范围；在单因素实验基础上，以木豆与水的比例、木糖醇添加量、柠檬酸添加量、食用香精添加量为实验因素，根据正交实验设计原理，采用4因素3水平实验确定纳豆发酵口服液的最佳配方；对纳豆发酵口服液进行感官评价和理化指标的测定；通过产品稳定性的测定确定保质期。

（1）纳豆发酵口服液的最佳配方：固液比1∶12、柠檬酸添加量0.05%、木糖醇添加量19%、食用香精添加量0.2%。

（2）可溶性固形物9.8%、蛋白质0.41mg/mL、还原糖4.05%、总酸（按柠檬酸换算）1.58%、尿激酶活性1405.8U/mL、总黄酮（芦丁）0.158g/kg、多糖18.19mg/mL。

（3）纳豆发酵口服液的细菌总数≤180cfu/g，符合行业标准对细菌含量每毫升≤200cfu/g的要求；饮料对大肠菌群卫生标准GB 4789.3—2010《食品安全国家标准 食品微生物学检验大肠菌群计数》为≤3MPN/100g，所以纳豆发酵口服液中的大肠菌群低于标准值，符合要求。

（4）纳豆发酵口服液的储藏稳定性：时间、温度对储藏的影响较大，高温储藏的样品较室温、低温样品指标变化明显，样品在储藏末期均无异味、异常颜色产生，生产和包装过程中隔离氧和低温更有益于成品的储藏。

5.5.3　通过实验验证FCGE的护色效果

采用HPLC-UV-MS对蓝莓果汁的花青素成分进行了各项检测；测定加速实验过程中4种护色剂对蓝莓果汁色泽属性的影响；采用福林酚法对加速过程中总酚含量的变化进行了考察；采用DPPH方法对其加速过程中的果汁进行抗氧化评估，并最后得出效果最佳的护色剂。

（1）通过LC-MS及HPLC的分析得到10种花青素的成分，其中飞燕草色素-3-葡糖苷、牵牛花色素-3-葡糖苷、锦葵色素-3-葡糖苷为蓝莓果汁中主要的花青素成分。

（2）通过对蓝莓果汁色泽属性3个参数的测定，蓝莓果汁中加入的护色剂牡荆苷、FCGE（1∶0.5）、芦丁、荭草苷、FCGE（1∶1）在5～7天内色泽均保持稳定。而在这些护色剂中，FCGE对于保持蓝莓果汁颜色的稳定性效果最好。

（3）通过pH示差法对加速实验中的总花青素含量进行了测定，得出FCGE对于保持花青素稳定性效果最佳。

（4）通过福林酚法测定总酚含量的变化。与对照相比，在储藏期间样品组FCGE和其主要成分牡荆苷和荭草苷也表现出了高的总酚含量。最终得出的结论是，在这些加入的护色剂中，FCGE能够很好地保持总酚含量，提高果汁的营养价值。

（5）采用DPPH法对蓝莓果汁抗氧化活性进行了评估，结果显示FCGE能够很好地保持蓝莓果汁的抗氧化活性。

参 考 文 献

谭周进, 周传云, 廖兴华, 等. 2003. 原料对纳豆品质的影响. 食品科学, (1): 87-90.

杨光圻, 向良迪, 郑星泉, 等. 1956. 谷类及豆类食物中必需氨基酸含量. 营养学报, 1(2): 141-152.

Bakowska A, Kucharska AZ, Oszmiański J. 2003. The effects of heating, UV irradiation, and storage on stability of the anthocyanin-polyphenol copigment complex. Food Chemistry, 81(3): 349-355.

Darias-Martín J, Carrillo-López M, Echavarri-Granado JF, et al. 2007. The magnitude of copigmentation in the colour of aged red wines made in the Canary Islands. European Food Research and Technology, 224(5): 643-648.

González-Manzano S, Mateus N, De Freitas V, et al. 2008. Influence of the degree of polymerisation in the ability of catechins to act as anthocyanin copigments. European Food Research and Technology, 227(1): 83-92.

María EG, Alexis RAAMS, Elda ES, et al. 2013. Isolation and characterization of two new non-hemorrhagic metalloproteinases with fibrinogenolytic activity from the mapanare (*Bothrops colombiensis*) venom. Archives of Toxicology, 87: 197-208.

Markovic JMD, Ignjatovic LM, Markovic DA, et al. 2003. Antioxidative capabilities of some organic acids and their co-pigments with malvin, Part Ⅱ. J Electroanal Chem, 553: 177-182.

Murooka Y, Yamshita M. 2008. Traditional healthful fermented products of Japan. Journal of Industrial Microbiology & Biotechnology, 35(8): 791.

Prior RL, Lazarus SA, Cao G, et al. 2001. Identification of procyanidins and anthocyanins in blueberries and cranberries (*Vaccinium* spp.) using high-performance liquid chromatography/mass spectrometry. Journal of Agricultural and Food Chemistry, 49(3): 1270-1276.

Singleton VL, Rossi JA. 1965. Colorimetry of total phenolics with phosphomolybdic-phosphotungstic acid reagents. American Journal of Enology and Viticulture, 16(3): 144-158.

Sokmen M, Angelova M, Krumova E, et al. 2005. *In vitro* antioxidant activity of polyphenol extracts with antiviral properties from *Geranium sanguineum* L. Life Sciences, 76(25): 2981-2993.

Sumi H, Hamada H, Tsushima H, et al. 1987. A novel fibrinolytic enzyme (nattokinase) in the vegetable cheese Natto; a typical and popular soybean food in the Japanese diet. Experientia, 43(10):1110-1111.

第6章 展 望

木豆全身是"宝"，种子可食用，根、茎、叶、花和果实均可入药，很多国家的民间和医药界都十分重视木豆的医药价值与其保健功能的研究，但是到目前为止，关于木豆医药价值的研究主要集中在以木豆叶或其提取物为材料进行的治疗成效，而对于起到药用功能的具体单体活性成分未在实际中应用。

近年来，随着人们对木豆的深入研究，发现木豆中的黄酮类和芪类单体成分有着明显的生物学功能，具有多靶点、高效、低毒等多种特点，被广泛应用于包括抗病毒、抗菌、抗肿瘤及抗氧化等多种生物活性研究。本研究针对木豆不同成分的活性和作用机制进行研究，为木豆的医药应用提供了科学依据，并为木豆制剂的研发提供了理论基础。但是现阶段的研究仅限于实验室的体外活性及动物模型的基础研究，缺乏临床的验证。因此，对于木豆中活性成分的生物学评价还需深入进行药物代谢动力学研究及大规模的临床试验。

目前，人们所认识的黄酮类和芪类化合物大部分来源于植物，这些化合物在植物中含量较低且提取成本比较高，这就造成了此类化合物的严重缺乏；另外，天然黄酮类和芪类化合物作为药物时，本身的作用并不是很强，因此有必要通过对它的结构进行化学改造或生物修饰以合成活性更强的化合物。本研究对木豆中重要芪类化合物及黄酮类化合物进行了结构的改造，为丰富木豆活性成分、提高化合物活性奠定了理论基础。但是，木豆芪类化合物结构特别，目前对其进行化学合成及结构修饰的研究较少，得到的具有明确结构的衍生物数量非常有限，且构效关系尚不明确。另外，虽然生物转化能大大提高木豆黄酮的有效成分含量，但生物转化过程是否会使其他有效成分发生降解、沉淀或络合反应等，生物转化的催化剂是否会对活性成分的质量检测和控制产生干扰，这些问题还需进一步深入探讨。

在研究木豆活性成分的同时，木豆种子的高营养价值不容忽视。但木豆口感不佳，严重限制其在食品加工业中的发展。因此，木豆相关食品的研制和开发是使木豆资源更被广泛利用的关键。本研究利用先进的固定化菌液体发酵技术，实现高活力、高效率的发酵木豆种子生产。相比于黄豆，木豆种子淀粉含量高、脂肪含量低，适于食品发酵技术，能引入更多营养成分和活性物质，增加产品的保健性能，并在此研究基础上开发了系列木豆功能产品，为木豆种子的经济化利用开辟了新的研究方向。木豆种子功能化产品的工业化生产还需进一步研究。

木豆资源量巨大，有良好的功能活性，有利于对木豆化学成分的鉴定和活性成分的进一步探索，并将为其制剂的研发及新药研制提供有效的依据；木豆丰富的营养成分是开发高附加值木豆功能化产品的必要条件。利用木豆资源进行药品、保健与功能食品的研制和开发，对木豆资源的高效利用具有重要意义。